新型配电网
典型场景规划与关键技术应用

刘正超　主编

陈亚彬　张勇军　副主编

U0260882

中国电力出版社

CHINA ELECTRIC POWER PRESS

内 容 提 要

为促进构建清洁低碳、安全高效的现代能源体系,响应国家低碳经济发展需求,建设安全、可靠、绿色、高效、智能的新型配电网将成为发展重点。本书契合该背景展开研究,主要内容共 5 章,涉及新型配电网典型场景划分及其建设目标分析、新型配电网关键技术谱系分析、关键技术在不同目标倾向性下的推广价值研究、技术方案精准差异化制定方法研究等。

本书可作为配电网规划、新型配电网技术、电力系统、能源技术等行业相关研究人员的技术参考书。

图书在版编目(CIP)数据

新型配电网典型场景规划与关键技术应用/刘正超主编;陈亚彬,张勇军副主编. —北京:中国电力出版社,2024.4
ISBN 978-7-5198-8266-2

Ⅰ.①新… Ⅱ.①刘… ②陈… ③张… Ⅲ.①配电系统－研究 Ⅳ.①TM727

中国国家版本馆 CIP 数据核字(2023)第 210339 号

出版发行:中国电力出版社
地　　址:北京市东城区北京站西街 19 号(邮政编码 100005)
网　　址:http://www.cepp.sgcc.com.cn
责任编辑:岳　璐(010-63412339)
责任校对:黄　蓓　马　宁
装帧设计:赵丽媛
责任印制:石　雷

印　　刷:廊坊市文峰档案印务有限公司
版　　次:2024 年 4 月第一版
印　　次:2024 年 4 月北京第一次印刷
开　　本:710 毫米×1000 毫米　16 开本
印　　张:8
字　　数:127 千字
印　　数:0001—1000 册
定　　价:39.00 元

本书编委会

主　编：刘正超

副主编：陈亚彬　张勇军

编　委：曾庆彬　曹华珍　白云霄　高　超

　　　　陈海涵　隋　宇　邓小玉　左　婧

前　言

　　智能电网是新型配电网发展的必由之路。2020 年 12 月，中国南方电网有限责任公司（简称南方电网）表示全面支持粤港澳大湾区建设，致力于打造安全、可靠、绿色、高效的粤港澳大湾区智能电网，不断提升电网优质供电水平，加强电力基础设施互联互通，同时持续优化珠三角电力营商环境，建立适应大湾区建设的供电服务体制机制，抓好硬支撑与软服务，坚定不移支持和服务好粤港澳大湾区建设，承担社会责任。2021 年 1 月，在南方电网第三届职工代表大会第四次会议上，公司董事长、党组书记孟振平提出"建成安全、可靠、绿色、高效、智能的现代化电网"，根据产业的实际情况在南方电网内部对现代化提出了进一步的要求。2021 年 4 月，南方电网发布《数字电网推动构建以新能源为主体的新型电力系统白皮书》，白皮书提出，配电网将呈现交直流混合柔性电网与微电网等多种形式协同发展态势，具备更高的灵活性与主动性，实现多元负荷的开放接入和双向互动，促进分布式能源消纳；智能微电网作为提供供电可靠性和高渗透率分布式电源并网重要解决方案，将逐步在城市中心、工业园区、偏远地区等推广应用。此外，在化石能源紧张、各领域需求提升更高效生产模式的形势下，我国在 2020 年 9 月提出了在 2030 年达到碳达峰和 2060 年达到碳中和的目标，能源结构进一步优化，推动发展零碳经济。可预见的，分布式电源、储能、电动汽车会逐步大规模接入电网，同时多表集抄、四网融合、综合管廊等多行业融合也将更紧密。这些给电网的灵活性、可靠性、安全性等带来了新的挑战。在此背景下，打造能源清洁、网架合理、灵活可控、用电有序的友好型新型配电网，是满足能源利用发展要求、实现"双碳"目标的重要手段。

新型配电网已进入全面建设阶段，配电环节的智能化涉及分布式电源接入、柔性交直流混合系统、储能设备、自动化装置等建设内容，具有项目多、内容丰富、涉及面广的特点。虽然各关键技术处于百花齐放、百家争鸣的高速发展阶段，但是由于分散发展、缺乏系统性的评价和总结，有些关键技术得不到大范围的普及和推广，有些关键技术为达到预期技术目标忽视了投资的优化，与电网提出的精准投资政策背道而驰。另外，我国地域面积广泛，地区差异性较大，发展不均衡；配电网网架结构类型繁多，建设思路不统一；各地区用电需求复杂多样，对于电网地域发展的需求程度不一样，战略目标也不尽相同，若按照一个统一的标准规划建设各地区新型配电网，容易出现技术路线重复、设备资产利用率不高甚至严重浪费的情况，导致技术经济不合理、电网建设效益不理想等问题。因此，本书对新型配电网的典型场景特征、关键技术推广价值、技术方案差异化制定等一系列问题展开研究，以广东智能配电网试点项目作为调研对象，总结提炼工程经验，梳理配电网典型问题和地区建设目标，以问题和目标为导向，差异化制定并应用典型场景下多种配置水平的新型配电网典型技术方案，为地区建设新型配电网提供指导，提高新型配电网建设的经济性。

本书主要章节内容由曾庆彬、曹华珍、白云霄、高超、陈海涵、隋宇、邓小玉、左婧执笔起草，另外邓文扬、张迪、何奉禄、杨银、李钦豪、陈明丽、梁伟强、黄焯辉、张诗建等人也参与了部分内容的撰写。全书由刘正超、陈亚彬、张勇军统筹组织校对和审核编写。

本书主要是在南方电网"广东现代化电网关键技术推广评估体系及典型场景应用策略研究"（031000QQ00210024）项目资助下的研究成果，部分内容也是在国家自然科学基金面上项目"低压配电网拓扑智能辨识的模型及其灰数据影响机理研究"（52177085）支持下的研究成果，在此对资助单位深表谢意。由于编写时间及作者水平所限，书中疏漏及谬误之处在所难免，还望读者不吝赐教。

编者

2023 年 11 月

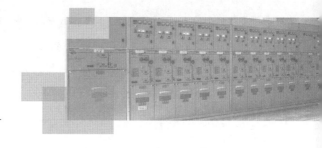

目　录

1 概　　论

1.1　新型配电网技术发展现状

随着可再生能源技术的迅猛发展，人们对新能源并网带来的技术与经济问题产生了巨大的关注，掀起了全球智能电网建设的浪潮。特别欧美发达国家科学技术发展的速度比较快，对智能电网的研究比较早，不但形成了一整套基本完善的发展体系，而且在实践中得到了很大程度的应用。由于各国的实际情况不同，其智能电网建设的起因和关注点也存在不同。

北美地区的智能电网建设工作主要集中在美国与加拿大。两国智能电网建设工作的相同点是均起步于安装智能电能表。不同的是，美国智能电网建设注重于提升其电网的可靠性及用电效率，而加拿大由于可再生能源比较丰富，如何提升电网对大规模可再生能源的接入能力与传输能力则成为其智能电网建设的重点。

美国政府自 2003 年开始出台一系列包括规划原则、经济法案、输电规划路线图等宏观规划，这些政策为智能电网的产业发展提供了科学的规划和严谨的法律支持，升级了日益老化的电网，并且在提升了电网可靠性和安全性的同时，提高了用电侧的用电效率，降低了用电成本。迄今，美国智能电网建设从理论研究到实践探索都积累了丰富的经验。

欧洲国家也在积极推动智能电网技术研发与应用工作。欧盟于 2005 年成立了"智能电网技术论坛"；以欧洲国家为基础的国际供电会议组织（CIRED）于 2008 年 6 月召开了"智能电网"专题研讨会。2009 年初，欧盟有关圆桌会议进一步明确要依靠智能电网技术将北海和大西洋的海上风电、欧洲南部和北非的太阳能融入欧洲电网，以实现可再生能源大规模集成的跳跃式发展。2010年，以英、法、德为代表的欧洲北部国家正式拟定了联手打造可再生能源超级电网的计划，计划在未来十年内建立一套横贯欧洲大陆的电力系统，将电池板与挪威的水电站连成一片，同时发挥不同特性电源间的互补优势；还可接入北非的太阳能发电厂，加强欧洲大陆的电力供给，提高可再生能源的安全性和可靠性。

英国政府在 2009 年 12 月初首次提出要大力推进智能电网的建设，同期发布《智能电网：机遇》报告，并于 2010 年初出台详细智能电网建设计划。英国已制定出"2050 年智能电网线路图"，并开始加大投资力度，支持智能电网技术的研究和示范。

2011 年，法国提出"到 2020 年风力发电达到 20GW，提高 300%"的目标。因此，推进智能电网建设，以便更好地消纳清洁能源是其未来工作的重点。另外，法国智能电网将继续推进以智能电能表为核心的用户端技术服务，按照欧盟委员会的要求积极推进智能电能表的普及工作，加强储能技术的研究，通过与中国的合作，在谨慎发展核电的基础上大力发展清洁能源。

德国在智能电网发展的过程中，很少使用"智能电网"这个词，而是使用 E-Energy，翻译过来就是"信息化能源"。为推进 E-Energy 的顺利进展，德国联邦政府经济技术部专门开设了一个网站，用以公布信息化能源的进度，向公众宣传信息化能源建设的益处。针对 E-Energy 项目，德国启动了不同的示范工程，对智能电网从不同层面进行展示和研究。

亚太地区国家众多，发展中国家的特点是结合电网的大规模建设、升级和改造工作，全方位推进智能电网的建设；发达国家的特点是在现有网架的基础上，在特定环节上进行重点投入。比如，日本根据自身国情，主要围绕大规模开发太阳能等新能源，确保电网系统稳定，构建智能电网；韩国的智能电网发展现状主要体现在两个方面，一是在国内积极建设智能电网实验，二是在国外开展智能电网领域的国际合作；印度智能电网的发展现状主要表现在对智能电网的实验研究、对可再生能源的利用，以及对智能设备的应用。

我国对智能电网的研究与讨论起步相对较晚，但在具体的智能电网技术研发与应用方面基本与世界先进水平同步。国家电网有限公司（简称国家电网）提出分三个阶段逐步推动智能电网的建设工作。第一阶段（2009～2010 年），规划试点阶段，重点开展智能电网发展规划工作，制定技术和管理标准；第二阶段（2011～2015 年），全面建设阶段，加快特高压电网和城乡配电网建设，初步形成智能电网运行控制和互动服务体系，关键技术和装备实现重大突破和广泛应用；第三阶段（2016～2020 年），引领提升阶段，全面建成统一的坚强电网，技术和装备达到国际领先水平。

2020 年 9 月，我国提出了碳达峰碳中和的宏大战略目标，能源结构进一步优化。推动以新能源为主体的新型电力系统建设，是实现"双碳"目标的重要手段。其中，新型配电网以安全可靠为基本要求，以绿色为核心目标，以高效为本质特征，以数字化为基础，支撑新型电力系统构建和区域绿色协调发展的配电网，可以理解为智能配电网、主动配电网的进阶。

南方电网提出向新型配电网运营商、能源产业价值链整合商、能源生态系统服务商转型。计划到 2025 年，数字电网全面建成，安全、可靠、绿色、高效、智能的新型配电网基本形成。一方面，点面结合、全面推进，深化巩固智能示范区规划建设成效，打造比肩世界一流的粤港澳大湾区电网和深圳城市电网，建成海南全国首个省域新型配电网示范区；另一方面，统一规划、标准建设，统筹增量新建和存量改造，加强主配电网规划协同，生产、营销、调度、通信等专业协同，整合一次、二次、基建、生产技改、营销技改、信息（数字）化、科技等电网建设改造需求，遵循公司标准设计和典型造价及相关技术设备规范，做到全网技术标准和设备统一规范；再者，因地制宜、实用高效，同步开展新型配电网重大关键技术研究和示范应用，按照"成熟一批、推广一批"的原则，分步加大推进应用实施；最后，创新驱动、协同实施，同步开展新型配电网重大关键技术研究和示范应用。

2021 年 4 月，南方电网发布《数字电网推动构建以新能源为主体的新型电力系统白皮书》，白皮书指出，配电网将呈现交直流混合柔性电网与微电网等多种形式协同发展态势，具备更高的灵活性与主动性，实现多元负荷的开放接入和双向互动，促进分布式能源消纳；智能微电网作为提供供电可靠性和高渗透率分布式电源并网重要解决方案，将逐步在城市中心、工业园区、偏远地区等推广应用。南方电网将持续利用数字技术构建柔性配电网，统筹利用风电、光伏、生物质等区域分布式能源资源，因地制宜建设交直流混合配电网和智能微电网，持续加强配电网数字化和柔性化水平，提升对分布式电源的承载力。

我国在第十二届全国人民代表大会第四次会议通过了《中华人民共和国国民经济和社会发展第十三个五年规划纲要》，纲要中提到建设"源-网-荷-储"协调发展、集成互补的能源互联网。继 2020 年 8 月发布《国家发展改革委 国家能源局关于开展"风光水火储一体化""源网荷储一体化"的指导意见（征求意见稿）》后，2021 年 3 月，中华人民共和国国家发展和改革委员会（简称国家发展改革委）、国家能源局又联合发布了《关于推进电力源网荷储一体化和多能互补发展的指导意见》（发改能源规〔2021〕280 号），指导意见指出，源网荷储一体化是实现电力系统高质量发展、促进能源行业转型和社会经济发展的重要举措。下面按源—网—荷—储各维度技术发展现状进行详细阐述。

1.1.1　源储技术

1. 多能互补

中国共产党中央财经委员会第九次会议指出，要构建"以新能源为主体的新型电力系统"。众所周知，随着新能源大规模接入，电力系统将呈现显著的"双侧随机性"和"双峰双高"的"三双"特征，为保证电力系统安全稳定高效运行，必须加速推进源网荷储一体化和多能互补发展，通过多能互补综合能源系统建设，保障大规模新能源顺利消纳。

早在 2008 年，美国北卡罗来纳州立大学就成立了 FREEDM（未来可再生电能传输及能量管理系统研究中心）。将电力电子技术和信息技术引入电力系统，以分布对等的系统控制与交互，在配电网层面实现能源的互联网，期望实现分布式电源与储能即插即用、灵活并网。同年，德国在智能电网的基础上选择了 6 个试点地区进行为期 4 年的 E-Energy 技术创新促进计划，主要是以信息通信技术为基础，打造新型能源网络，开展了大规模清洁能源消纳、节能和双向互动等方面的示范工作。如哈茨山脉可再生能源示范项目，对分散的风力、太阳能、生物质能等可再生能源发电设备和抽水蓄能电站进行协调，从而使得可再生能源联合循环利用率达到最优。

我国对分布式能源并网模式的研究起步相对较晚。在国家自然科学基金和中华人民共和国科学技术部 973 项目、863 项目的大力支持下，针对领域内关键技术问题，如运行控制策略、能量管理、储能、示范工程建设等多个方面开展了系统化的研究工作。国网浙江省电力有限公司电力科学研究院微电网实验室、合肥工业大学微电网实验室、天津大学微电网实验室、浙江东福山岛微电网示范项目、中国电力科学研究院微电网实验平台及基础前瞻性项目"能源互联网技术架构研究"、天津中新生态城微电网示范工程等项目的实施，极大地推动并网技术发展和相关标准的制定，从分布式能源并网的基本概念及形态、发展模式及路径、技术框架及拓扑、关键技术分析等方面展开了广泛的研究。

2012 年，我国开始了能源互联网的研究，国家能源局也发布了关于推进"互联网＋"智慧能源发展的指导意见。2017 年，国家能源局公布了首批"互联网＋"智慧能源（能源互联网）示范项目。这些示范建设项目对推进可再生能源分布式并网和构建新型配电网起到了重要的支撑作用。

2. 储能技术

随着我国碳达峰碳中和目标的提出，新能源未来将成为电力供应的主体。各国对发展可再生能源比例目标要求不断提高，电源侧新能源装机容量快速增长，用户侧负荷呈多样性变化，电力系统面临诸多挑战。储能技术可在提高可再生能源消纳比例、保障电力系统安全稳定运行等方面发挥重要作用，是支撑我国大规模发展新能源、保障能源安全的关键技术。

近年来储能应用需求不断扩大，各国支持政策持续出台以及制造工艺不断完善，储能电池技术发展迅猛，电池安全性、循环寿命和能量密度等关键技术指标均得到了大幅提升，应用成本快速下降。2017 年 10 月国家发展改革委、中华人民共和国财政部等五部委联合发布《关于促进储能技术与产业发展的指导意见》（发改能源〔2017〕1701 号），明确了储能行业未来 10 年的发展目标，"十三五"储能产业发展进入商业化初期，"十四五"储能产业实现规模化发展；明确了五大重点应用示范领域：储能技术装备研发示范、储能提升可再生能源利用水平应用示范、储能提升电力系统灵活性稳定性应用示范、储能提升智能化水平应用示范、储能多元化应用支撑能源互联网应用示范。2019 年 7 月，国家发展改革委制定了《贯彻落实＜关于促进储能技术与产业发展的指导意见＞2019—2020 年行动计划》，从技术研发和智能制造、储能技术与产业发展政策、推进示范应用及储能标准化建设等方面提出行动要求；明确要加快增量配电业务改革和电力现货市场建设，建立完善峰谷电价政策和储能容量电费机制，推动储能参与电力市场交易，为进一步推动储能发展提供了保障。2021 年 7 月，国家发展改革委、国家能源局出台《关于加快推动新型储能发展的指导意见》，对新型储能技术进步、政策机制、行业管理等问题作出总体安排。2022 年 3 月，国家发展改革委、国家能源局印发《"十四五"新型储能发展实施方案》（发改能源〔2022〕209 号），部署了"十四五"时期新型储能在技术创新、试点示范、政策保障等方面的重点任务。在相关政策指引和支持下，我国新型储能产业发展明显提速，到 2022 年底，新型储能装机规模达到 870 万 kW，平均储能时长约 2.1h，同比增长超过 110%。

1.1.2　网侧技术

1. 自愈控制技术

智能配电网的"自愈"是指智能配电网可以准确预测缺陷状态和及时警报已经发生的故障状态，并实施对应的可靠措施，使配电网不会大范围停止正常供电或将其停电范围降到最小。

日本早在 1986 年就开始进行配电线路自动化研究，刚开始只是实现对线路上发生的故障进行自动切除。后来，日本在线路上使用了可以按照时间序列恢复无故障区的电力传输装置。2005 年，坎贝尔发明了一项技术，利用群体行为原理和无线控制器，能让大楼的各个电器相连，进行有效的开关控制。法国采用定制电源技术，集成了新型配电网技术、灵活电力传输技术和云计算技术等高科技，一方面，通过补偿设备控制问题负荷对共享电网的干扰，确保公共连接点的电能质量；另一方面，通过网络重构型补偿装置控制电网对电压敏感负载的影响，提供稳定的电源，进一步提高供电可靠性和经济性。该技术主要用于解决谐波问题、无功功率补偿和电压瞬变故障和中断。适用于中低压配电网络，可实现系统的实时优化，满足高层用户的需求，确保高可靠性。我国配电网网架自动化建设起步较晚，但是发展迅速，如北京金融街的 10kV 配电网采用全电缆覆盖的双环网结构，变电站变压器分裂运行，不同母线的两回馈线与另一座变电站的不同母线的两回馈线形成环网，开环运行。开关站、配电站、电缆分接箱配置配电自动化终端，具备遥测、遥信、遥控的"三遥"功能，可实现配电网电气量的实时监控，实现故障快速定位、隔断和恢复供电。

在可以预见的将来，拥有自愈能力的新型配电网将为社会提供具有更高供电可靠性和更优电能质量的电能服务，同时支持大量可再生分布式能源接入系统，方便用户进行能源管理。

2. 直流配电技术

国内外针对直流配电网的研究已有初步成果。在北美，弗吉尼亚理工大学2007 年提出 "Sustainable Building Initiative" 计划，打造楼宇直流供电系统；2010 年发展为 "Sustainable Building and Nanogrids" 系统，采用 380V 和 48V两级直流，并提出了基于分层互联交直流子网混合结构概念性互联网络结构。北卡罗来纳州立大学提出 "FREEDM" 结构适用于 "即插即用" 型分布式电源及分布式储能的交直流混合配电网结构。阿尔伯塔大学提出了基于变流器的交直流混合配电网结构，给出小信号分析模型并分析其稳定性。

在欧洲，意大利罗马第二大学和英国诺丁汉大学针对交直流混合配电网提出通用灵活的电能管理方案，在各个电网的不同工况下实现能量的双向流动。罗马尼亚布加勒斯特理工大学提出含有替代电源的直流配电网结构，实验证明该结构提高了电网的运行效率和电能质量。意大利米兰理工大学提出含有分布式电源的本地直流配电网结构，实现分布式电源、负荷与电网之间能量的双向流动。

在国内，相关研究成果主要集中在直流配电网的规划与运行控制等方面。优化规划方面，已有对直流配电网的拓扑、电压等级、规划方法、可靠性、经济性和综合评估问题的研究。运行调度方面，有学者对直流配电网的潮流计算、电压分布、含分布式电源的调度等问题进行了研究。控制保护方面，对直流配电网建模、控制策略保护等问题均有相关研究。国内已建设多个交直流配电网科技示范工程，如张北柔性变电站及交直流配电网科技示范工程、珠海唐家湾多端交直流混合柔性配电网互联示范工程等，为现代配电系统的发展提供了理论和实践指导意义。

3. 低压智能化技术

20 世纪后期，计算机技术和网络技术的繁荣发展使得电力自动化技术有了新的发展方向，微电子技术也越来越成熟，各类电气智能元件层出不穷。在智能器件得到快速发展的时候，拥有许多优越功能的监控系统也有着快速的进展，比如通用电气阿尔斯通公司（GEC-ALSTHOM）生产研发的 ICIS 系列、西门子股份公司（SIEMENS AG）生产研制的 SIMOCODE 系列等。将它们与低压配电等器件相互配合，形成一整套系统，能够在各设备和计算机间进行数据的交流，通过通信网络，可以完成实时监控、判断操作、指令操作等功能，进一步地提升了低压配电系统工作状态下的数据安全以及其可靠性。

与国外相比，国内对智能低压配电系统的研究起步比较晚。2019 年 11 月 4 日，由南方电网全网统一发布基于智能技术与运维策略相融合的《南方电网标准设计与典型造价 V3.0（智能配电）》，该标准设计基于南方电网云全域物联网平台建设，满足智能配电各专业设备状态监测、电气保护测控、电气量测控、环境安防监控、视频监控等数据的统一接入、数据融合和网络安全要求。实现配电设备无人巡视和精准检修，及时发现设备缺陷和隐患，实现低压配电网的线-变-户网络拓扑数据监测和故障迅速判断隔离。

应用具备边缘计算能力的配电智能网关，实现智能配电全量数据的采集，全面支撑"可测、可视、可控"等智能监测、监控技术方案，全面适应新型配电网及数字电网未来发展要求。

国家"双碳"目标，让电力行业重新审视电力系统的形态发展，构建以新能源为主体的新型电力系统，低压配电系统从传统被忽略的神经末梢，转变为新型电力系统建设的重要组成部分，其使命也从单纯支撑传统低压配售电业务扩展为支撑海量分布式电源消纳、终端大规模电能替代以及电力增值服务新业态。具备透明化、低碳化、互动化、灵活化和多元化特点的新型低压配电网将集成最新信息通信技术与材料装备技术，其规划设计、运行控制、运维检修和资产管理思路将完全区别于传统低压配电系统，真正体现"新型"电力系统的内涵，具有巨大的发展潜力与产业化空间。

1.1.3 荷侧技术

1. 智能交互

电力负荷设备监测和分解方法大致可以分为侵入式和非侵入式两类。传统的侵入式负荷监测方法是在每个用户的电气设备上都安装传感器，从而获得用户的电器用电数据。优点是测量出来的数据能真实反映电器用电情况，缺点是不太实际、实施成本高。从经济性角度分析，不建议采用这种方案。而非侵入式负荷监测（non-intrusive load monitoring，NILM）则只需要在用户的电能表加入 NILM 模块，就能够实现对一个用户所有负荷的在线监测和分解。

智能电能表研究已经开始结合 NILM 技术，部分国内外的研究人员已经开发出实用的装载 NILM 系统的智能电能表。

国网湖北省电力有限公司（简称国网湖北电力）将具有非侵入式负荷监测功能的智能用电分析仪嵌入智能电能表中，并在部分试点小区试点安装该智能电能表，进行用户用电设备负荷数据采集和分析，及时掌握居民用户不同种类用电设备的用电时间、用电功率和耗电情况等相关用电数据。

基于以上数据分析结果，国网湖北电力针对客户服务应用场景进行设计与实践，包括用电详单服务、用电顾问、用电管家 3 个服务场景，分别从电费账单服务、用电能效建议以及用电安全监测三方面实现非侵入式负荷监测技术在客户服务中的应用。

2. 多元融合技术

（1）多表集抄技术。国外在水电气热等计量领域的发展要早于国内，各种技术非常成熟，通信手段也是非常丰富，而且有多种技术发明，在计量芯片方面也是很早就具备了成熟的技术。而国内对于自动抄表技术的发展相对较晚，各种通信方式也在随着通信领域的进步而升级换代，在国内虽然自动抄表技术起步较晚，但是发展速度惊人，且有较大的发展空间。

国家电网、南方电网都有统一的电能表采集标准，且电能表本身具有运行的电源，记录数据保存性好，各类通信信道的应用较为完善，建设趋于完成，应用正在不断深化。其中，国家电网在 2016 年末基本完成智能电能表远程采集的全覆盖，整体日均采集成功率不低于 98%，截至 2018 年 12 月 15 日，南方电网全网智能电能表覆盖率及低压集抄覆盖率均为 100%。电力计量行业无论是在技术力量，还是智能化程度，都处于能源计量领域的领先位置，为四表集抄工作奠定了良好的基础。

用电信息采集系统经过多年建设，已趋于成熟，在全国表计抄表领域走在了水气热的前边。从技术角度完全可以采集水气热的表计数据，但从政策层面分析，由于四表（电、水、气、热）分属不同的部门管辖，在多表集抄项目推进过程中明显感受到了自来水、燃气、热力部门的阻力，甚至拒绝。

归结起来，多表合一业务迎合智慧城市大方向，最近几年，国家发展改革委、国家能源局及国家电网在多表合一智能抄表方面频繁发文，多个专项文件都极力推崇多表集抄的发展，但打破行业壁垒绝非易事，非常需要政策层面的突破。

（2）四网融合技术。我国 2001 年制定并通过的"十五"计划纲要中第一次明确提出促进电信、电视、计算机三网融合，2006 年制定并通过的"十一五"规划纲要中指出，应积极推进三网融合，而四网融合就是在现有的电信网、计算机网（互联网）和广播电视网（有线电视网）的三网融合基础上加入电网，在国家电网和南方电网均已有试点。

比如，在上海某小区已开展 IPTV、电话、互联网等的试点，作为家庭中心控制单元，能实现电网与电力用户之间的互动，同时能够接入安防、水气表抄收等功能；采用载波或无线通信方式，能传送电压、频率、功率因数等用电信息，并能实现"遥控"通断电及调整工作模式，从而达到光纤到户、支持三网融合的效果。

在上海某小区里，已经有 100 多户居民享用到了新型配电网带来的便捷。这些用户使用了低压光纤、智能电能表等新技术、新材料，使电力线、电话线、上网线和有线电视线实现了"多网融合"。

在广州中新知识城投产的南方电网区域（五省区）内首个基于四网融合的"互联网智慧用能综合示范小区"项目，可承载电网、互联网、电视网、电话网的各种功能，实现四网融合。

除此外，广东电网公司梅州供电局积极开展"三线缠绕"问题的治理，有效推进了城乡安全隐患整治，确保农村线路安全、整洁、美观，助力梅州市美丽乡村建设，并提出了"农村光纤通信资源调整"，通过既有电力、电信设备，打通光纤到户的"最后一公里"，助力农村基础设施建设提档升级。

3. 电动汽车充放电监控技术

19 世纪第一辆电动汽车面世至今，均采用可充蓄电池作为其动力源。对于电动汽车而言，蓄电池充电设备是不可缺少的子系统之一。它的功能是将电网的电能转化为电动汽车车载蓄电池的电能。电动汽车充电装置的分类有不同的方法，总体上可分为车载充电装置和非车载充电装置。

国外充电桩发展情况相对成熟，美国、日本、以色列、法国、英国等国家都已开始建设各自的电动汽车充电设施，主要以充电桩为主。而国内正处于充电站基础设施建设的高峰期，国内现有的两个最大最成熟的电动汽车充电站就是北京奥运充电站和上海世博充电站，这两个充电站都是为城市电动公交客车提供电池快速更换服务，截至 2020 年 6 月底，全国各类充电桩保有量达 132.2 万个，其中公共充电桩为 55.8 万个，数量位居全球首位。

随着电动汽车和充电站数量的快速增加，电动汽车未来将成为电网的一种新型重要负荷。考虑到大量电动汽车充电行为的随机性，电动汽车接入电网充电对电网的影响逐步凸显，如对负荷平衡、电源容量、电能质量、环境等方面都会产生影响。

关于对电源容量影响的研究，国外在预测电动汽车发展规模的基础上，比较分析了不同充电方式下，电动汽车大规模接入对本国电源供给的影响。部分研究表明通过适当改变现有系统的运行方式，电源供给可满足约 73% 的轻型车辆的日常充电需求。美国学者关于配电网能否应对大规模电动汽车接入所带来的技术挑战进行研究，得出结论：美国六个地区的电网短期内自身可满足容量需求，适应电动汽车规模化发展，且随着未来 V2G 发展，电动汽车接入与新能源并网结合技术和有效的优化控制策略将有效地实现负荷转移、平抑，解决一系列问题。还有研究表明，通过采取错峰充电措施，可满足大规模电动汽车接入的需求。国内部分研究表明，新增装机容量和充电方式相关，有序充电或V2G模式下，大规模并网所需的新增装机容量最小。

关于配电网影响的研究，国内外学者均针对电动汽车接入对配电网的影响进行分析，电网拓扑分为不同电压等级，一般针对低压配电网、中压配电网，或以某地区、某城市/郊区/乡村电网为对象进行研究。部分学者采用典型电网拓扑进行建模仿真，对本领域研究具有指导意义；部分学者依据实际电网进行建模，使得建模结果更具有现实性、准确性。

关于碳排放影响的研究，大部分学者通过建立碳排放模型，通过计算分析，总结出利用电动汽车V2G功能以及新能源协同调度可以降低碳排放。部分学者认为电价与石油价格的关系间接影响碳排放，当电价为 10 美分/kW（1 美分=0.066295 元）时，40 英里（1 英里=1.609344km）续行里程的电动汽车，折算后相当于比传统汽车降低 2/3 油耗或碳排放量。随着未来电动汽车大规模发展，交通运输业所产生的碳排放将转移到发、输电环节。另外，有部分学者通过总结地区实例得出结论，大量电动汽车接入电网减少的 CO_2 排放量小于充电负荷引起的系统新增装机增加的 CO_2 排放量。我国发电以煤电为主，电动汽车大规模接入电网，能否真正降低碳排放，需进一步研究。据大数据统计，汽车尾气的 CO_2 排放量占世界总排放量的 16%，并且这一数据还在逐年上升。而电动汽车具有绿色清洁、节能减排等优势，因此，推广和发展电动汽车、研究电动汽车充放电监控技术势在必行。

2021 年 5 月 20 日，国家发展改革委发布《关于进一步提升充换电基础设施服务保障能力的实施意见（征求意见稿）》。意见提出，推动 V2G 协同创新与试点示范。支持电网企业联合车企等产业链上下游打造新能源汽车与智慧能源融合创新平台，开展跨行业联合创新与技术研发，加速推进 V2G 试验测试与标准化体系建设。探索新能源汽车参与电力现货市场的实施路径，研究完善新能源汽车消费和储放绿色电力的交易和调度机制，促进新能源汽车与电网能量高效互动。加强"光储充放"新型充换电站技术创新与试点应用。该意见主要目的为全面贯彻落实《国务院办公厅关于印发新能源汽车产业发展规划（2021—2035 年）的通知》（国办发〔2020〕39 号），加快提升充换电基础设施服务保障能力，更好支撑新能源汽车产业发展，助力实现 2030 年前碳达峰、

2060 年前碳中和的目标。

1.1.4 新型配电网发展启示

1.1.4.1 发展新型配电网能促进我国的能源结构调整

1. 分布式能源系统的发展需要建设新型配电网

清洁能源不仅能大规模集中开发利用，还能通过分散布局的小规模开发方式直接接入配电网。分布式发电是靠近负荷端的小规模电力发电技术，它能够降低成本、提高可靠性。

当大量的分布式电源集成到大电网中时，多数是直接接入各级配电网，使得电网自上而下形成支路上潮流可双向流动的电力交换系统，但现在的配电网络是按单向潮流设计的，不具备有效集成大量分布式电源的技术潜能，难以处理分布式电源的不确定性和间歇性，难以确保电网的可靠性和安全性。

小型风电、建筑光伏等分布式清洁能源大量接入配电网后，会引起谐波、三相电压不平衡等电能质量问题，对配电网无功平衡、电压调节、继电保护、控制、计量等技术提出更高的要求。为提高清洁能源分散接入需求，要求建设高效、灵活、合理的配电网络，并具备灵活重构、潮流优化能力，要求提高配电智能化水平，完成实用型配电自动化系统的全面建设，突破配电网分布式电源和主电网协调运行、储能等关键技术，实现集中/分散储能装置及分布式电源兼容接入与统一控制，构建智能化双向互动体系，实现电网与用户的双向互动，提升用户服务质量，满足用户多元化需求。

2. 发展新型配电网可以促进清洁能源的安全接入和可靠运行

新型配电网是配电网发展的高级阶段，是能源技术和信息技术的充分融合。和传统电网相比，新型配电网在管理高峰负荷、提高传输效率和可靠性、促进可再生能源开发以及改善需求侧响应等方面的功能更为强大。通过发展新型配电网，能够提高发电、输电、配电、变电、用电等各个环节的效率，降低能源消耗，减少温室气体排放，推动传统发展模式向绿色低碳转型，从而提高经济、社会和环境的可持续发展能力。

1.1.4.2 新型配电网能促进各领域电力产业发展

1. 源储侧产业

新型配电网建设为清洁能源分布式发电设备制造业提供了巨大的市场需求，同时，新型配电网需要各类电源最大限度地参与配电网调峰，以推动可再生能源的发展，促进节能减排，优化资源能源配置。

在"双碳"大环境下，新型配电网建设对传统能源发电设备制造业提出了新的需求，将促进调峰技术创新，推进快速并网、电化学储能等装备核心技术突破，技术装备向完全国产化、具备深度调峰能力、低耗低排方向发展，提高电网消纳新能源能力。常规分布式发电整机装备将降低建设造价，提高国内市场占有率。

2. 网侧产业

新型配电网建设对电力电子设备、状态监测设备、保护测控装置、安稳调度系统等制造业提出了刚性需求，将促进其产业规模的扩大。我国电力电子设备制造业的基础相对薄弱，而新型配电网的建设为其创造了很大的发展空间，将促进 FACTS/定制电力设备产业化、灵活直流配电商业化，市场前景广阔。

新型配电网对电网可靠性要求的提高，使状态监测设备制造业发展空间发生实质性的转变，促进其产业规模扩大。电网智能化、清洁能源的接入对保护测控装置提出了更高的要求，同时也扩大了对智能型设备的需求。

新型配电网建设将带动电网装备制造产业全面升级、集约化发展。在智能化电网装备领域取得突破，节能环保型电网装备大量应用，形成智能化设备市场。变压器行业向全面国产化、智能化、节能环保化、产业集约方向发展，高端产品市场占有率提升；开关类行业向全面国产化、智能化、无硫低耗化发展，扩大高端市场占有率；电线电缆制造业向产业集中化、产品高端化、光电复合化方向发展；电力电子装备产业向关键设备国产化、核心技术自主化、装备产品商业化方向发展；状态监测设备制造业向产品实用化、监测全面化、分析智能化方向发展。其他相关产业向提升自身产品性能/产品质量/环保性能、降低产品能耗/资源消耗方向发展，有望形成几家与 ABB 公司、西门子股份公司、通用电气公司（GE）等国际先进企业比肩的大型装备制造企业，并拓展海外市场。

3. 荷侧产业

新型配电网需求及资金投入将有助于促进产业升级。智能电能表向智能化、互动化、集约化方向发展。随着新型配电网建设的深入，用电信息采集设备制造业加大投入，有利于促进产品升级，为综合能效管理制造业的发展奠定基础。新型配电网建设有助于电动汽车充放电站缓解电网供电压力、协助电网调峰，将促进电动汽车充放电综合管理技术创新，以参与电网调峰，减少电力建设投资。为发挥分布式太阳能/风能发电设备协助电网调峰的最大效能，要求分布式发电设备需要有一定的智能化程度，促进太阳能/风能发电设备能量管理技术创新。受益于太阳能/风能发电设备成本、先进储能电池成本的降低，分布式太阳能/风能发电设备将在智能小区、智能楼宇有较大的应用空间，有利于电网削峰填谷。

1.2 近年配电网工程建设现状

近几年，国家陆续出台政策以扶持配电网的发展。2011 年起，我国配电网进入全面建设阶段，截至 2020 年，全国各地已陆续建成投运多个示范工程，以下将列举近几年典型示范项目的建设现状。

1. **全国首个城市能源互联网工程**

2019 年 8 月 29 日，浙江嘉兴城市能源互联网综合试点示范项目通过浙江省能源局的验收。这标志着全国首个城市级能源互联网示范项目在浙江建成。

该项目落户海宁，核心示范区实现可再生能源的 100%接入与消纳，通过打造城市综合能源服务平台，打破"信息孤岛"，实现全业务数据共享融通，集成新能源规划/建设/运营等一站式清洁能源服务、全环节互联网＋建筑节能服务、"一次都不跑"的智慧用能服务、车-桩-网交互的绿色交通服务，打通了综合能源产业链，为各类用户提供前所未有的绿色便捷服务。

2. **世界规模最大的多端交直流混合柔性配电网互联工程**

2018 年 12 月 25 日，世界规模最大的多端交直流混合柔性配电网互联工程在广东珠海唐家湾成功投运。该项目是南方电网推进国家能源局首批"互联网＋"智慧能源示范项目建设的重要里程碑，成功引导了一系列标志性强、带动性强的重点产品和装备的推广应用，形成了柔性直流配电网系统的技术标准规范，填补国内外的空白。

唐家湾多端交直流混合柔性配电网互联工程由三个柔性直流换流站、一个直流微电网构成，各换流站之间采用地下电缆相连接。该工程为国际首个 ±10kV、±375V、±110V 多电压等级交直流混合配电网示范工程，也是世界上最大容量的 ±10kV 配电网柔性直流换流站。

该工程在唐家湾清华科技园区建设研究含储能、新能源及直流负荷的新型柔性直流配电系统，实现了唐家站和鸡山站 10kV 母线互联，解决了唐家站主变压器重载的问题,实现了光储充一体化建设,实现了光伏电站、储能和电动汽车的灵活接入和高效运行,支持能量双向流动、即插即用、高效转换和灵活控制,并将突破目前配电系统接入大量新能源及直流的故障保护、协调控制的技术瓶颈,构建了支持新能源、储能和电动汽车即插即用的新型配电系统,各站间潮流灵活可控、变压器容量高效利用,并且远期可扩展性好,推广应用前景广阔,具有很好的社会效益和示范意义。

3. 重庆首个分布式储能与区域电网互动项目

2019 年 10 月 24 日,重庆空港分布式储能与区域电网互动试点项目顺利完成验收,并正式投入运行。

该项目依托重庆 2012 年建成的首座大功率电动客车快充站,基于钛酸锂梯次利用电池和磷酸铁锂新电池,应用分布式储能综合管理系统,实现分布式储能参与电网调度。项目解决了电池梯次利用过程中的诸多技术困难,实现了对分布式储能与电网互动关键技术的研究。项目的投运,为全面研究负荷时移、优化电能质量、提高供电可靠性、分时电价管理等奠定了基础。

项目同时探索建立了在大型电动客车充电站环境中分布式储能参与电力调度的通信路径和通信方式。储能调度人员可利用综合管理系统对远程接入系统进行身份认证,并根据电网状态,实现对分布式储能的远程监控,并实现分布式电源集群化监测和最优化控制,对于推动新能源发展、提高电网灵活性和稳定性、提高电网运行经济性和推动能源交易模式变革有重要作用。

4. 国内首个"碳中和"园区落地北京

2020 年中央经济工作会议将做好碳达峰、碳中和工作列为 2021 年的八大重点任务之一。从减排路线图来看,我国碳排放从达到峰值到实现中和(即净零排放)只有 30 年时间,这也意味着我国能源消费和经济转型、温室气体减排的速度和力度,相比发达国家快得多、大得多。金风科技亦庄可再生能源"碳中和"智慧园区只是一个开始,中国"碳中和"目标的实现,还需要更多的"碳中和"园区。"碳中和"作为具体目标带来大量的分布式光伏、风电接入配电网,对配电网的影响有两方面:①技术方面,加快了配电网双向潮流趋势,加大了配电网容量建设匹配负荷发展的难度,给配电网建设、管理都带来了新的挑战;②经济性方面,用户侧更多电量的就地消纳,将导致大范围过网传输电量的减少,电网整体利用率可能降低,这种情况将加大电网建设投资回收的难度。另外,利用楼宇等条件开发分布式光伏,围绕分布式光伏建立微电网,这对配电网有很大改变。其影响表现为，配电网的定位发生变化，除了配电功能外还要提供安全保障、各类供电保底等功能，因此配电网的定价机制需要改变。"碳中和"对当前电力市场改革具有推进作用，它导向的新能源规模化消纳将是电力市场化改革的真正推动力。

5. 国内首条10kV电缆线路覆盖应用和首次双主站接入

2020 年 9 月 30 日，淄博 10kV 理工Ⅰ线、Ⅱ线顺利投运，实现了国内首条 10kV 电缆线路覆盖应用和首次双主站接入。该项目的成功投运为山东省城市核心区配电网建设提供了样板支撑及建设经验。整条线路实现了多种功能：采用模块化设计、标准化接口、集成智能感知传感器，实现了线路状态全感知；通过微网技术和局部组网，将线路温度、湿度、局部放电等信息集中上传至主站，方便运维人员远程实时掌握设备运行状态，实现了设备主动运维；应用速动型智能分布式馈线自动化逻辑，通过与变电站出口断路器的时限配合，能够在 0.2s 内完成故障区间判断、隔离以及恢复非故障区间供电。

6. 国内规模最大的5G智能电网实验网

2019 年 8 月，国网青岛供电公司、中国电信青岛分公司、华为技术有限公司三方共同组建 5G 应用联合创新实验室，共同推进 5G 在智能电网、能源互联网体系建设中的应用。截至 2020 年 7 月，合作三方在青岛已部署 30 余个 5G 基站，借助 5G 技术赋能传统电网，有效支撑 5G 智慧电网应用，在提升供电服务质量、提升电网运检效率以及共建共享方面已经取得了良好效果。有了 5G 技术的支持，电力工作人员通过超高清摄像头监控输电线路和配电设施，能够及时发现故障隐患，节省 80% 的现场巡检人力物力。

2019 年 10 月 22 日，由国网青岛供电公司、中国电信集团有限公司和华为技术有限公司联手打造的全国最大规模国家级 5G 电力实验网，在青岛奥林匹克帆船中心和青岛国网调度中心大楼等地建设落成。从此，5G 在电网领域的创新应用迈上了一个新台阶。

2020 年 7 月 11 日，由国网青岛供电公司、中国电信青岛分公司和华为技术有限公司联合开发的青岛 5G 智能电网项目一期工程正式交付投产，标志着国内规模最大的 5G 智能电网正式建成。

青岛 5G 智能电网项目采用端到端 5G SA 网络建设，引入 5G 全自动多维动态切片解决方案，结合 5G MEC 无处不在的联接能力和超性能异构计算能力，为电网应用提供更快、更细、更准的差异化和确定性网络能力，实现了基于 5G SA 切片的智能分布式配电、变电站作业监护及电网态势感知、5G 基站削峰填谷供电等新应用。工作人员通过电力塔杆上的 5G＋4K 超高清摄像头来监控输电线路和配电设施,可以及时发现故障隐患,能节省 80% 的现场巡检人力物力。借助 5G 的超低时延和超高可靠性,还能快速定位、隔离和恢复电网线路故障,把停电时间从分钟级缩短到秒级甚至毫秒级。

7. 全国首个主动配电网综合示范区

2018 年 10 月 10 日,位于苏州工业园区的"高可靠性配电网应用示范工程"顺利启动投运,有效提升了环金鸡湖地区的供电可靠性,也标志着全国建设规模最大的主动配电网综合示范区正式建成。

苏州环金鸡湖区域是政府机关、金融机构、国外高科技企业等重要客户的集中区域,对供电可靠性的要求极高。为提高供电可靠性,国家电网在这里建成了全国首个 20kV 配电网的四端口柔性直流换流系统。该系统好比一台"能源路由器",可以实现各端口间能量和信息的互联互通,有序协调分布式能源与负荷,有效提高电能的使用效率和供电可靠性。该系统投运后,该区域用户年均停电时间将由原来的 5.2min 缩短到 1.57min。

在苏州 2.5 产业园区域,国网苏州供电公司针对风力发电/屋顶光伏发电等分布式能源快速发展导致的产业园区供电能力不足、能源利用效率不高的问题,建设兆瓦级交直流混合配电网,提供双电源电力供应,在国内首次利用能量流和信息流融合的即插即用技术,实现分布式清洁能源和多元化负荷的灵活接入,缩减了其并网的建设成本,减少交直流转换过程中的电量损耗,提高电能使用效率。此外,该系统还在国内首次采用了孤岛自治恢复策略,当配电网出现故障时,非故障区域可以自动脱离大电网,依靠内部的分布式能源实现独立运行,从而极大提高了该区域的供电可靠性。

而苏虹路工业区供电区域负荷类型多样,包含三星电子、三星液晶等众多对电能质量需求高的企业。电压波动、电压暂降(电压暂时性下降)等电能质量问题,会影响企业设备的正常运行,严重的会造成产品报废、设备损毁等生产事故。为此,国网苏州供电公司在苏州 110kV 星华变电站 20kV 侧采用多 DFACTS 设备［DFACTS 是柔性交流输电技术(FACTS)在配电网的延伸,包括电能质量与动态潮流控制两部分内容］协调控制技术,对电压进行实时跟踪,快速反应并抑制电压波动等质量问题,提高电能质量和系统稳定性。关键用户电压暂降次数降低了 95%,有效保证了对敏感负荷的可靠供电。

苏州主动配电网综合示范区建成后，将实现高比例分布式能源灵活消纳、高品质电能智能配置，有效提高供电可靠率和扩大清洁能源的接入规模，减轻环境污染，每年相当于减少燃煤 1577t。此外，对用户来说，用电也更加智能和主动，不仅能够主动隔离故障，减少因停电造成的损失，而且还能够优化配置分布式清洁能源与储能出力，实现电网削峰填谷，进而最大限度减少用户的电费支出。

8. 国内首个虚拟电厂运营体系试运行

2019 年 12 月 5 日，国网上海市电力公司组织开展迎峰度冬需求响应暨虚拟电厂运营项目试点工作，共有 226 个客户 8.7 万 kW 负荷资源从单纯的用电客户变为一个个潜力巨大的虚拟电厂，直接参与大电网的调度，推动城市用能更高效、更经济。

该项目利用先进信息通信技术和物联网技术，将客户用能设备进行深层连接和精准接入，实现对闲散负荷的聚合。同时在上海市经济和信息化委员会的帮助下，虚拟电厂从需求侧响应起步，根据技术参数差异化设置收益激励，为新市场主体的生根发芽创造良好的生态环境。

上海虚拟电厂可将碎片化的负荷重组，打造出全新电力负荷调度模式，根据大电网运行需求和自身情况主动调节，实现"需求弹性，供需协同"，让客户甚至社会整体的能源利用效率达到最优化，为电网安全运行和清洁能源消纳提供更好的保障。

9. 全国首个城市能源互联网项目

2019 年 8 月 29 日，浙江嘉兴城市能源互联网综合试点示范项目通过浙江省能源局验收。这标志着全国首个城市级能源互联网示范项目在浙江建成。

该项目落户海宁，核心示范区实现可再生能源的 100%接入与消纳，通过打造城市综合能源服务平台，打破"信息孤岛"，实现全业务数据共享融通，集成新能源规划/建设/运营等一站式清洁能源服务、全环节互联网＋建筑节能服务、"一次都不跑"的智慧用能服务、车-桩-网交互的绿色交通服务，打通了综合能源产业链，为各类用户提供前所未有的绿色便捷服务。

10. 全国首个综合能源服务在线平台

2019 年 8 月 19 日，全国首个综合能源服务在线平台——"江苏能源云网平台"正式上线。平台集聚了各领域资本、技术、渠道、人才资源，汇聚能源用户、能源供应与服务商、政府机关、高校与科研机构，为社会各界提供开放共享的综合能源服务。

该平台由能源数据及能效评价中心、能源服务互动及共享中心两大板块构成。特别需要指出的是，平台推出的社会综合能效评价体系为全国首创，其不同于过去仅针对单个设备或系统的能耗评价，而是贯穿能源生产、输送、消费、存储全过程，综合考虑电、气、冷、热多能互补、梯次利用，从而挖掘企业节能降耗的关键节点，提供用能效率最优的解决方案，为用户提供用能"体检报告"，以开展综合能效评价为基础，将分散在各环节、各区域的服务力量握指成拳，最终实现综合能效水平提升。

1.3　新型配电网差异化建设研究现状

为贯彻落实党中央关于国企改革、"过紧日子"的决策部署，巩固深化供给侧结构性改革，科学合理配置资源，提高投入产出效益，实现投资有效、成本最优，2019 年末，南方电网印发《优化投资和成本管控措施（2019 年版）》，提出 20 项重点举措，着力建立精准投资管控体系，实施最优成本管控策略，促进公司及电网发展由"重速度、规模"向"重质量、效益"转变。

2020 年 8 月 10 日，南方电网组织召开广东电网有限责任公司（简称广东电网公司）、深圳供电局有限公司"十四五"配电网（含农村电网）规划评审会，会议要求，要主动服务和融入国家发展战略，加强电网规划和公司发展规划的衔接。要精准投资，解决配电网薄弱问题，承接公司重点工作任务，突出抓重点、补短板、强弱项，推动南方电网战略有效落地。要坚持配电网差异化建设发展原则，细化规划技术标准，制定差异化的目标和技术路线，结合电网实际，促进数字化、智能化技术的应用和发展，提高配电网规划建设水平。

由此可见，如何找出配电网中的薄弱环节、差异化制定建设目标和技术路线显得尤为关键。

1.3.1　我国政府关于区域建设差异化的实践

自 20 世纪 90 年代中期，我国进入快速城市化阶段，飞速膨胀的城市引发了学者对原有城市规模标准的思考。1998 年王兴平教授提出，我国《中华人民共和国城乡规划法》关于"以市区和近郊区非农业人口的数量作为城市的划分标准"中的"近郊区"概念缺乏操作性，应调整城市规模的衡量标准，并根据规划力度划分编制类型，扩大法律界定范围。雷菁、郑林等学者认为，以城市行政级别的高低和人口规模的大小来划分城市规模等级体系具有一定的片面性和局限性，提出利用城市流强度划分中心城市规模等级体系。姚士谋先生曾利用城市流强度将沪宁杭城市群的中心城市划分为高城市流强度值的中心城市、中城市流强度值的中心城市和低城市流强度值的中心城市。部分学者对人口规模进行了重新界定，例如有的将 200 万以上人口的城市定义为超大城市，100 万～200 万人口的城市定义为特大城市；有的将 200 万以上人口的城市定义为特大城市，100 万～200 万人口的城市定义为大城市。这些成果都为政府决策提供了重要参考。

新中国成立以来，为符合国情发展实际，我国对城市规模划分标准进行过多次调整。1955 年原中华人民共和国国家基本建设委员会（简称国家建委）《关于当前城市建设工作的情况和几个问题的报告》首次提出大中小城市的划分标准，即"50 万人口以上的为大城市，50 万人以下、20 万人以上的为中等城市，20 万人口以下的为小城市"。此后直到 1980 年国家建委修订的《城市规划定额指标暂行规定》又对城市划定标准进行了调整，重点将城市人口 100 万人以上的命名为特大城市。1984 年中华人民共和国国务院（简称国务院）颁布的《城市规划条例》又回归到 1955 年的标准。1989 年颁布的《中华人民共和国城市规划法》在明确 1984 年标准的基础上，指出城市规模按照市区和近郊区非农业人口计算。但 2008 年该法废止，取而代之的《中华人民共和国城乡规划法》并没有对城市规模加以界定。国家近期颁布的文件中，已经具有初步调整的迹象，如《国家新型城镇化规划（2014—2020 年）》和《国务院关于进一步推进户籍制度改革的意见》（国发〔2014〕25 号）中，均已使用现行标准。

我国"十二五"规划强调，要"以大城市为依托，以中小城市为重点，逐步形成辐射作用大的城市群"，即城市群是我国现阶段城市化和经济发展的重要模式。根据城市群内部城市之间的产业分工、空间布局、一体化程度等主要特征及其演进规律，我国不同发展水平的区域应根据其城市群所处的阶段选择差异化发展战略。

2018 年 11 月 18 日，中国共产党中央委员会（简称中共中央）、国务院发布的《中共中央 国务院关于建立更加有效的区域协调发展新机制的意见》明确指出，以京津冀城市群、长三角城市群、粤港澳大湾区、成渝城市群、长江中游城市群、中原城市群、关中平原城市群等城市群推动国家重大区域战略融合发展，建立以中心城市引领城市群发展、城市群带动区域发展新模式，推动区域板块之间融合互动发展。以北京、天津为中心引领京津冀城市群发展，带动环渤海地区协同发展。以上海为中心引领长三角城市群发展，带动长江经济带发展。以香港、澳门、广州、深圳为中心引领粤港澳大湾区建设，带动珠江—西江经济带创新绿色发展。以重庆、成都、武汉、郑州、西安等为中心引领成渝、长江中游、中原、关中平原等城市群发展，带动相关板块融合发展。

作为现阶段促进我国城市化进程的主体形态，城市群的形成和发展对于形成合理的区域发展格局和健全的区域协调互动机制具有重要的意义。根据我国区域经济空间格局显著非均衡的特征，特别是东西部地区之间发展水平差距过大，其城市群的发展处于不同阶段，因而通过选择与区域经济发展水平相适应的差异化城市群战略，促进不同地区城市群的发展和完善，优化我国的区域经济格局。

1.3.2　配电网差异化建设的研究

建立综合评价指标体系和评价方法是进行差异化建设的首要条件，建立适用于我国国情的新型配电网规划综合评价指标体系和评价方法，不仅可以发现配电网中的薄弱环节，对配电网进行全方位的了解，提升电网性能，为经济发展提供服务，并且利于指导我国配电网智能化科学、合理发展建设，并为今后新型配电网技术发展提供更为客观、合理的指导依据。

欧美国家对智能配电网综合评价研究较为成熟，国际商业机器公司（IBM）在 2010 年建立了配电网成熟度综合评价指标体系，其功能定位在配电网的可靠性和运行效率的基础上。美国能源部在 2009 年提出建立配电网发展评价指标体系，其主要包括需求侧管理、动态定价、鼓励用户分布式电源、电动汽车参与配电网运行、自动化水平等，美国电科院（Electric Power Research Institute，EPRI）在 2010 年提出建立配电网建设项目成本/收益评价体系，其评价的主要目的是解决配电网项目建设问题，欧盟提出建立配电网效益评估指标体系，其主要包括分布式电源接入容量、增加发展可持续性、CO_2 减排量、分布式电源最大注入功率等。国外的配电网综合评价指标体系主要以发展水平和经济效益为主，其是在建立了电力市场化的背景下，用户互动参与度较高，自动化与智能化水平较为成熟。我国电力市场并未建立完整，技术水平也都在起步过程中，国外综合评价研究并不适用于我国国情，但具有一定参考价值。

　　国内配电网规划综合评价起步较晚，是在传统配电网综合评价的基础上逐渐向新型配电网转移，传统配电网先是对配电网的单一特性进行评价，有的是基于配电网供电可靠性建立评价指标体系，或基于配电网供电能力建立评价指标体系，又或考虑配电网项目建设的经济效益建立经济性评价指标体系。

　　但配电网规划范围较广，仅仅单一特性无法全面反映配电网规划的整体目标，传统配电网综合评价经过不断改善后，逐步由单一特性转为多特性。有部分学者从供电能力、供电可靠性、电能质量、经济性、充裕性五个方面建立评价指标体系，运用层次分析法建立评价模型得到综合评价结果；也有学者从网络结构水平、负荷供应能力、装备技术水平、运行管理水平方面建立评价指标体系，运用曲线拟合得出综合评价值；又或从供电质量、网架结构、运行水平、技术装备、经济和社会性方面建立综合评价指标体系，通过专家打分法计算综合评价值。传统配电网综合评价指标体系研究从单一角度到多层次、多角度，为新型配电网建立综合评价指标体系提供了理论基础。

　　近年来，对新型配电网规划的综合评价指标体系研究较少，大部分学者基本是从以下几方面开展研究：①从配电网清洁性的角度出发，建立了基于节能指标、气体减排指标、电磁污染指标、噪声污染指标的评价指标体系；②对配电网核心技术功能的自愈性展开评价研究，建立基于自愈速度、供电自愈率、用户平均自愈次数的评价指标体系；③从经济角度对配电网进行综合评价研究，建立基于建设经济性和运行经济性的评价指标体系；④从配电网智能化角度出发，建立基于建设基础和绩效指标智能化的评价指标体系。这些指标体系研究仅仅反映配电网的单一特性。

　　经学者们研究改善后，评价指标体系逐渐趋于全面，但全面性有待加强和完善。比如，有的从配电网利益需求出发，建立基于网络坚强度、设施智能化程度、供电可靠性、电能优质性、运营高效性、电网互动性、发展协调性的智能配电网评价指标体系，采用层次分析法-反熵法建立评价模型，该体系较为全面，但缺少经济性；有的建立基于智能电能表安装率、智能终端覆盖率、光纤连接至配电网的比例、智能诊断准确率、智能变电站比例的智能配电网评价指标体系，采用主成分分析法得出综合评价结果，但该体系缺少反映配电网规划过程中网架结构的指标，且评价指标难以量化计算；有的建立基于可靠性、安全性、发展适应性、协调性、设备利用率、技术装备水平、经济社会性的智能配电网评价指标体系，但该体系仅仅反映智能配电网现状指标，缺少对智能配电网规划的网架结构和运行水平指标的研究；也有的根据用户单元、电力企业、10kV 线路对智能配电网进行精细化划分，建立可靠性、优质性、经济性的智能配电网评价指标体系，该体系偏向于配电网管理，缺少反映智能配电网规划内容的指标；还有的结合智能配电网水平和规划目标，对智能配电网进行层次划分，建立基础设施层、监控网络层、管理层、效果层的智能配电网评价指标体系，该体系较为全面细致，能够反映智能配电网建设运行，但管理指标繁多，增加了工作量，其也缺少网架规划指标。

现有部分学者对传统配电网进行综合评价的研究较多，但对智能配电网综合评价的研究较少，对新型配电网规划综合评价的研究少之又少。现有配电网规划的综合评价指标体系研究大多都是基于单一特性，对新型配电网规划缺少整体、全面的反映，需要建立一套完善、合理的综合评价指标体系，能够反映新型配电网的问题，指导新型配电网的规划建设。

2 新型配电网典型场景及其差异化建设目标

2.1 新型配电网典型场景

2.1.1 典型场景差异化划分思路

配电网作为连接输电网和用户、分布式能源、灵活资源等的桥梁，其建设受到与上层输电网的连接关系、地区发展需求、供电用户特征等因素的影响。

与上层输电网的连接关系可以分为强连接和弱连接两种情况。强连接即区域配电网有复数的上级输电网接入点，电能传输容量充裕、供电可靠性高。弱连接即区域配电网仅有单一上级输电网接入点或经常处于孤岛运行状态，电能交互量低、供电可靠性弱。弱连接场景一般为海岛电网。

地区发展需求更多由区域定位、政策扶持、国家规划等决定，一般可区分为城区和农村两种类型，对应电网类型可区分为城网和农网。

随着近几年高新技术发展和产业园区化建设模式的推广，逐步出现了高新产业园区供电场景。相较于传统的用户性质，高新产业需求更优质的供电服务、更稳定的供电水平。

结合上述分类思路，根据与上层输电网的连接关系、地区发展需求、供电用户特征三类因素进行场景划分，过程如图 2-1 所示。

具体步骤如下：

（1）首先依据地理分布情况，区分建设区域是否处于海岛，若是，则符合海岛的建设场景。

（2）在明确非海岛的情况下，依据现行的电网类型划分城网和农网。

（3）在城网中，针对高新产业和大型工业等产业园区，将其划分为高新园区新型配电网建设场景。

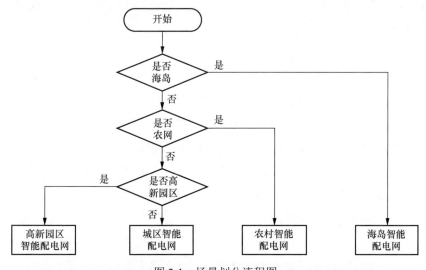

图 2-1　场景划分流程图

2.1.2　典型场景差异化发展特性

2.1.2.1　城市新型配电网

城市作为区域政治和经济发展的重点区域，往往会呈现出负荷类型多样、负荷密度大、冷热气等供能类型多、电能质量和供电可靠性要求高等特点。部分城市配电网仍存在着自动化水平不足、数据采集和分析能力弱、可转供电能力低、多能互补能力差、客户服务水平难提升等问题。

另外，推进"互联网＋智慧能源"、打造智慧城市已经成为城市化发展趋势。新型配电网作为其中的重要支撑，相比于传统电网简单、单向的供电服务，新型配电网对智慧城市的作用应该是全方位的、立体的、互动的和系统性的。因此城市新型配电网不应再局限于单纯的供电服务，而应呈现出更丰富、更深层次的品质。

因此，在城市典型场景推广应用新型配电网技术、建设新型配电网，需要重点建设以下目标：

（1）改善配电网供电能力、提升服务水平。智慧城市发展的基础有赖于稳定的能源供应，满足城市经济社会生活对充足、可靠、优质供电的要求，保证供电可靠性、电压偏低台区占比等指标达到要求。

（2）完备的电网信息感知网络。广泛覆盖的信息感知网络是智慧城市的基本特征，电网作为城市的一部分，需要强化信息感知网络建设，提升配电网通信覆盖率。

（3）开发分布式和可再生能源技术。能源可持续是城市经济、社会、生态可持续的基础。新能源和可再生能源技术对于城市的可持续发展具有极其重要的作用。智慧城市需要新型配电网积极发展分布式和可再生能源技术，推动源网荷储充协同运行，需要重点考虑分布式能源消纳率和渗透率等指标。

（4）提升智能化和数字化水平。智慧城市需要城市各个领域的应用系统间的协同互动，实现资源利用最大限度的集约化、数字化和智能化，推进配电网自愈覆盖率和线路可转供电率的提高。

2.1.2.2　农村新型配电网

农村是以传统农业、鱼塘业和畜牧业为主要经济来源和生活方式的地区，跟人口集中的镇区相比，农村地区人口呈散落居住，其地域体现为农田、山林以及水力。受限于地域特征和经济建设等原因，农村配电网会呈现出负荷类型单一、自动化水平低、故障复电时间长、网架完善基建成本高等特点，同时偏远地区往往会存在小规模水电、风电等分布式能源资源。利用新型配电网技术解决供电能力和可靠性不足的问题，提高区域能源利用率，是农村配电网后续建设的重要方向。

因此，在农村典型场景推广应用新型配电网技术，需要重点建设以下目标：

（1）提升山区和农村电网的供电可靠性和供电质量。

（2）发挥分布式能源优势，建设清洁环保农网和微电网。水力资源丰富的地区大力开发小水电，鱼塘业丰富的地区大力开发渔光互补，充分利用区域分布式资源，提高分布式电源消纳率和渗透率，促使农网供能多源化，同时保护农村生态环境，构建美丽乡村，推动构建新型电力系统。

（3）解决末端低电压问题，降低台区低电压占比，提供优质供电服务。

2.1.2.3　海岛新型配电网

与上层电网的连接关系将场景划分为强连接和弱连接两种。海岛典型场景一般为弱连接特性。

与农村电网类似，海岛因天然地域原因，与配电网主网架连接弱，供能更依赖岛内发电。能源供应主要依靠柴油发电，供电结构存在较大问题，主要体现为保障模式单一，岛屿上所有能源需求都依赖于柴油发电，整个系统供能的安全直接取决于燃油供应的及时性；供能成本高昂，岛内燃油消耗主要依靠大陆运输供给，燃油本身价格不菲，再加上运输成本昂贵，使得供能成本显著增加；能源利用效率低下，常规柴油发电机转换效率不到40%，大多数的热能以废气或缸套水的形式排放到环境中，不仅浪费能源，还污染环境。

为满足岛屿用户对能源的需求，在海岛建设场景下推广应用新型配电网技术，需要重点建设以下目标：

（1）充分开发风能、太阳能、海洋能等可再生能源，改善海岛能源结构，提高新能源消纳率和渗透率。

（2）提升孤岛运行能力，保证供能系统可靠性和安全性。配合储能和传统柴油机组，开发可再生能源的利用水平和微网技术，提升海岛供电可靠性。

（3）提高智能化、自动化水平，减少岛上驻点人数需求，重点提高配电网自愈覆盖率、通信覆盖率等指标，实现安全可靠、自动化程度高的海岛新型配电网。

2.1.2.4　园区新型配电网

园区内以高新产业用户为主，该场景下的新型配电网是基于统一的园区智能用电综合管理系统，在通信网络的支撑下，通过采集终端实现电网运行监测与控制、需求侧管理、信息互动与共享、企业能效管理和增值服务等功能。

因此园区新型配电网需要重点建设以下目标：

（1）提高通信覆盖率和用户用电信息采集能力，对园区用户内部主要设备和主要负荷的运行状态、用能数据进行采集和实时监测。

（2）满足园区高可靠性要求，除了重点提升供电可靠性和优质供电类指标外，可引入大数据分析等信息化手段，分析和评估园区用电特性，提供高效用能和可靠用能的服务方案。

（3）以园区为单位实现"削峰填谷"，结合国家峰谷电价政策，配合储能、电动汽车、需求侧响应等建设，引导用户主动调整用电时间，降低用电成本，提升区域负荷的平衡能力，提高电网设备利用率。

2.2　新型配电网建设目标体系

2.2.1　目标选取原则与思路

配电网具有网络结构复杂、设备类型多样、作业点多面广、安全环境相对较差等特点，因此配电网的安全风险因素也相对较多。另外，配电网的功能是为各类用户提供电力能源，这就对配电网的安全可靠运行提出更高的要求。从网架结构水平、负荷供应能力、装备技术水平等方面梳理配电网的综合发展目标，如表2-1所示。

表 2-1　　　　　　　　　　　　配电网综合发展目标表

目标分类		目标名称
配电网发展目标体系	网架结构水平	10（20）kV 线路环网率（%）
		10（20）kV 线路站间联络率（%）
		10（20）kV 线路可转供电率（%）
		中压平均供电半径（km）
		10（20）kV 线路典型接线比率（%）
	负荷供应能力	10（20）kV 重载线路比例（%）
		10（20）kV 过载线路比例（%）
		末端电压不合格线路比例（%）
		重载配电变压器比例（%）
		预过载配电变压器比例（%）
		过载配电变压器比例（%）
		电压偏低台区比例（%）（180～198V）
		电压偏低台区比例（%）（小于 180V）
		户均配电变压器容量（kVA/户）
		乡村户均配电变压器容量（kVA/户）
	装备技术水平	10（20）kV 线路绝缘化率（%）
		10（20）kV 线路电缆化率（%）
		高损耗配电变压器台数比例（%）
		一户一表率（%）
		配电变压器运行年限大于 15 年的比例（%）
	配电网智能化水平	馈线自动化覆盖率（%）
		配电自动化有效覆盖率（%）
		自愈覆盖率（%）
		智能电能表覆盖率（%）
		低压集抄覆盖率（%）
		配电网通信覆盖率（%）
		"三遥"终端光纤覆盖率（%）
		智能户内开关站、配电房及台区覆盖率（%）
		10（20）kV 线路平均自动化分段数（段）
		平均自动化分段低压用户数（户/段）

目标分类		目标名称
配电网 发展目 标体系	两率	供电可靠率 RS-1（%）
		用户平均停电时间（h/户）
		综合电压合格率（%）
		综合线损率（%）

新型配电网是在常规配电网的基础上，以满足人民群众日益增长的电力需要为中心，以安全、可靠、绿色、高效、智能为总体目标的数字化、现代化转型。达成常规配电网的建设目标是各地区配电网智能化的前提，部分常规配电网建设目标，如表 2-1 中的中低压线路供电半径等建设目标，可根据地区所属供电分区进行差异化规划建设。

梳理的新型配电网建设目标体系可归纳为五个维度：安全、可靠、绿色、高效和智能，具体定义如下。

（1）安全：一是要优化电网网架结构，有效管控强直弱交、直流多落点、短路电流超标等重大安全风险，电网大面积停电事故和局部影响较大的停电事件可防可控，提升电网安全风险管控水平；二是要提升输电网智能化、柔性化水平，增强电网态势感知、协调控制能力，提高电网安全稳定运行水平；三是要差异化提高电网设防标准，加强新材料、新技术应用，推进防抗灾型电网建设，推动电网防灾向"主动防御"转变，提升电网设备安全保障能力；四是要构建全面覆盖的安全防护体系，加强电力监控系统和各类应用系统的安全防护，确保全网安防体系高效运转，提升网络安全管理水平和技术防护水平。

（2）可靠：一是要加强配电网网架结构，大力提升配电网自动化、柔性化以及装备技术发展水平，实现配电网可观可控，提高供电可靠性，减少客户停电时间，提升电能质量；二是采用微网、主动配电网、直流配电网等先进技术，形成具有南方电网特色的差异化、多模式供电解决方案，满足海岛供电、偏远地区供电、城市高可靠性供电等需求。

（3）绿色：一是要推进能源供给和消费革命，实现能源生产和消费的综合调配，提高电网接纳和优化配置多种能源的能力，追求低碳、绿色发展，把南方电网打造成为服务经济社会发展的"绿色平台"；二是要深化西电东送战略，加强电网互联互通建设，推动清洁能源在更大范围进行优化配置；三是要支持分布式能源开发利用，促进能源的分散开发、就地消纳。

（4）高效：一是要促进能源（电力）系统高效协同运行；二是要提高电网资产精益化管理水平，提升电网资产利用效率；三是要增强驾驭复杂大电网的能力，提高电网运行效率；四是要提升用电服务精细化水平，为客户提供定制灵活、选择多样、高效便捷的精细化用电保障服务；五是要打造具有独特竞争力的新型能源产业价值链整合商，拓展业务范围，创新企业价值，促进社会能源资源的高效利用和优化配置。

（5）智能：实现传统电网数字化全面转型和智能化显著提升，有效支撑新型用能设备和多元用户广泛接入和智能互动，"云大物移智链"等技术得到深度融合创新应用，电力系统全环节具备智能感知能力、实时监测能力和智能决策水平，有力支撑智慧社会和数字中国建设。

根据安全维度的定义，发展安全主要体现在本质安全电网和纵深防御体系的基本形成，电网抗故障、抗攻击能力大幅提升，这些体现主要集中在输电网层级。在广东电网公司"十三五"智能电网规划报告中提到的安全维度建设目标共有三个，分别为单一元件故障电网事故风险数量、变电站电力监控系统安防覆盖率和500kV及以上变压器状态监测覆盖率，这些建设目标也主要反馈输电网的健康状态。

电网的安全运行风险问题主要通过变电站布点和网架结构完善解决，其衡量可归纳为单一元件故障导致电网一级事件及以上的风险数量、公用输电线路满足"$N-1$"比例、公用主变压器满足"$N-1$"的变电站比例、电网容载比等建设目标，但这些目标不属于配电网技术提升的范畴。新型配电网目标体系主要按可靠、绿色、高效、智能四个维度提取。

2.2.2 典型场景二维层次结构的目标体系

目标体系建立的初衷是充分反映新型配电网规划整体的发展水平，并通过确定各建设目标的评估判据，对同一类典型场景不同地区的新型配电网进行实际评价及横向比较，找出各地区新型配电网的薄弱环节，指导新型配电网规划发展。

通过对目标影响因素的分析，找到能够直接、具体指导新型配电网运行和建设的目标，以此为基础并结合鱼骨图中对目标的归类结果，建立完整的新型配电网建设目标体系的递阶性层次结构，如图2-2所示。

合理的目标体系对于提高评价效率和评价效果会产生直接的影响，此处示例性地提出的新型配电网目标体系聚合度高，结构简单，能够全面刻画新型配电网规划建设发展过程中的特征，具有较好的整体性和适应性。

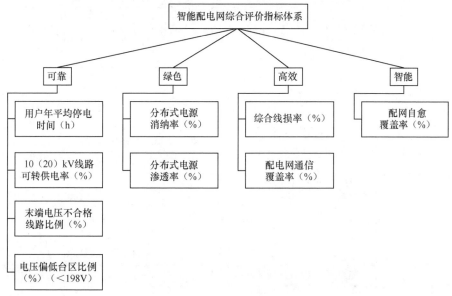

图 2-2 建设目标层次结构图

2.2.3 新型配电网发展关键目标的定义及计算方法

新型配电网发展的关键目标意义明确，计算所需的目标值需要的数据通过搜集后统计获取，数据来源方便且计算方法简单。目标体系中各目标的定义及计算方法见表 2-2。

表 2-2　　　　　　　　　　建设目标定义及计算方法

建设目标		目标含义	计算方式
可靠	用户年平均停电时间（h/户）	供电系统用户在统计年期间内的平均停电小时数	$\dfrac{\sum 每次停电时间 \times 每次停电用户数}{总用户数} \times 100\%$
	10（20）kV 线路可转供电率（%）	某一回线路的变电站出线断路器故障或计划停运时，其全部负荷可通过转供电倒闸操作，转由其余线路供电的线路比例	$\dfrac{可转供公用线路总回数}{中压线路总条数} \times 100\%$
	末端电压不合格线路比例（%）	末端电压偏差超过额定电压±7%的中压线路所占的比例	$\dfrac{末端电压不合格的线路条数}{中压线路总条数} \times 100\%$

续表

建设目标		目标含义	计算方式
可靠	电压偏低台区比例（%）（小于198V）	低压线路末端电压偏差超过额定电压－10%的台区比例	$\dfrac{\text{末端电压偏低的台区数}}{\text{台区总数}} \times 100\%$
绿色	分布式电源消纳率（%）	主要体现在水能利用率、风能利用率、太阳能利用率等分布式能源利用率	$\dfrac{\text{分布式能源总发电量}}{\text{分布式能源总发电量}+\text{弃分布式能源总发电量}} \times 100\%$
绿色	分布式电源渗透率（%）	主要体现配电网系统中分布式电源的接入比例	$\dfrac{\text{分布式电源最大总装机容量}}{\text{配电线路最大输送容量}} \times 100\%$
高效	综合线损率（%）	反映电网经营管理水平的一项综合性技术经济指标	$\dfrac{\text{各项设备理论损耗电量}}{\text{总供电量}} \times 100\%$
高效	配电网通信覆盖率（%）	—	$\dfrac{\text{实际已上线的配电自动化终端数}}{\text{具备可上线的配电自动化终端总数}} \times 100\%$
智能	配电网自愈覆盖率（%）	配电网线路的自动化配置符合地区配电网规划技术指导原则要求，实现对配电网中压线路故障自动定位、自动隔离，并实现非故障段自动转供电占配电线路总条数的比例	$\dfrac{\text{具有馈线自动化有效覆盖中压线路回数}}{\text{公用中压线路总回数}} \times 100\%$

2.3 新型配电网典型场景的目标重要度分析

2.2 节提出了新型配电网的建设目标体系，不同典型场景的新型配电网建设目标的倾向性不同，一方面，多个目标中会有重要的一个或几个；另一方面，不同建设状况下的配电网对不同目标的满足度亦有区别。为合理区分新型配电网的建设目标导向，本节将提出以重要度-满足度为二维度量的新型配电网目标差异化划分方法，将 2.2 节所提出的建设目标体系，进一步划分为严重不足、需要改善、基本满足、完全满足等四个划分域，用以指导新型配电网的建设。

2.3.1 层次分析法

具体的，层次分析法（analytic hierarchy process，AHP）是一种针对多目

标的主观权重设定方法，该方法基于判断矩阵的构建，获得各个目标的权重计算结果。可以认为权重大的目标，重要程度更大。因此，为了合理地量化建设目标体系中不同目标间的重要程度，可通过该方法获得权重后进行重要度的刻画。方法流程阐述如下。

1. 标度确定和构造判断矩阵

对于具有 M 个建设目标的目标体系，判断矩阵为 M 阶方阵 $\boldsymbol{B}=(b_{mm'})_{M\times M}$。$b_{mm'}$ 指建设目标 m 相对于建设目标 m' 的重要程度。标度确定则将该重要程度的定性判断转为定量值，采用 $1\sim7$ 评分标定法，M 阶方阵各元素赋值如表 2-3 所示。

表 2-3   判断矩阵的标定及其含义

重要程度表述（定性）	判断矩阵元素 $b_{mm'}$（定量）
m 目标与 m' 目标一样重要	1
m 目标相对 m' 目标稍重要	2
m 目标相对 m' 目标比较重要	3
m 目标相对 m' 目标明显重要	4
m 目标相对 m' 目标很重要	5
m 目标相对 m' 目标非常重要	6
m 目标相对 m' 目标极重要	7
m 目标相对 m' 目标稍不重要	1/2
m 目标相对 m' 目标比较不重要	1/3
m 目标相对 m' 目标明显不重要	1/4
m 目标相对 m' 目标很不重要	1/5
m 目标相对 m' 目标非常不重要	1/6
m 目标相对 m' 目标极不重要	1/7

2. 一致性检验

在构建判断矩阵时，可能会出现逻辑性错误，如 A 比 B 重要，B 比 C 重要，但却出现 C 比 A 重要。因此需要采用一致性检验判断矩阵是否出现问题。一致性检验指标 CR 的计算公式为

$$\mathrm{CR} = \frac{\lambda_{\max} - M}{\mathrm{RI}(M-1)} \tag{2-1}$$

式中：$\lambda_{\max}$ 为判断矩阵的最大特征根；RI 为平均随机一致性指标。

RI 可通过查表得出，沿用的是 Saaty 基于 5 万次随机试验得到的研究

结果，如表 2-4 所示。当 CR < 0.1 时，可以认为结果是通过一致性检验的，可进行下一步权值计算。否则，认为不满足一致性检验，需要重新检查判断矩阵。

表 2-4　　　　　　　　平均随机一致性 RI 计算表格

M	3	4	5	6	7	8	9	10	11
RI	0.52	0.89	1.12	1.26	1.36	1.41	1.46	1.49	1.51

3. 权重计算

AHP 核心在于基于判断矩阵进行权值计算，判断矩阵具有对称性，且其元素涵盖了两项指标之间比较重要程度的信息。对于判断矩阵 $\boldsymbol{B}$，求解其最大特征值所对应的正则化特征向量，该向量的各个分量即为权值 $G(m)$，可采用以下近似计算

$$G(m) = \frac{\sqrt[M]{\prod_{m'=1}^{M} b_{mm'}}}{\sum_{m=1}^{M} \sqrt[M]{\prod_{m'=1}^{M} b_{mm'}}} \qquad （2-2）$$

至此，可获得各个建设目标的权重值，权重值越大，则代表该目标的重要程度越大。

2.3.2　目标重要度的分类

针对不同的典型场景，采用上节提出的层次分析法，可获取不同典型场景下每个目标的权重值，根据权重值的大小量化该场景下的目标重要度。为进一步将目标按重要程度分为几类，可对计算获得的目标按权重值按从大到小进行排序，位于前 $\alpha_1\%$ 的，认为这些目标的重要程度为很重要；位于后 $\alpha_2\%$ 的可认为目标的重要程度为一般；其余重要程度为比较重要，如图 2-3 所示。其中，α_1 和 α_2 为可设定的阈值，本报告中考虑相对均等划分，α_1 和 α_2 均设置为 30%。

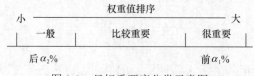

图 2-3　目标重要度分类示意图

2.4　新型配电网建设目标差异化划分方法

2.4.1　目标差异化划分思路

由 2.3 节知，新型配电网建设场景有不同的目标重要度倾向，但目标的重要度倾向并不完全等同于该新型配电网的建设目标。换句话说，假设场景 a 中，目标 A 的重要程度大于目标 B，但从该新型配电网的建设现状看，目标 A 已经处于很优的值，但目标 B 距离期望还差很远，这时建设目标应该倾向于目标 B。

据此，进一步定义"满足度"目标，结合目标的重要度以及满足度，形成新型配电网建设目标的差异化划分方法。整体思路如图 2-4 所示。

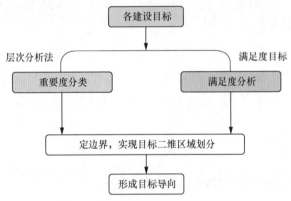

图 2-4　层次分析法计算权重流程图

一是基于目标的重要度将目标按重要度的维度分类；二是基于新型配电网各目标当前值与目标值之间的差异，从客观角度判断新型配电网各目标的满足程度，用以凸显新型配电网的薄弱环节。进一步综合重要度和满足度两个维度对目标进行划分，将目标划分为亟待改善、需要改善、基本满足、完全满足等四个划分域，用以指导新型配电网的建设。

2.4.2　目标满足度分析

对于具有 M 个建设目标的目标体系，假定 $T(m)$ 为第 m 个建设目标所设定的目标值，$S(m)$ 为新型配电网第 m 个建设目标当前状态下的计算值，定义目标

满足度 $Q(m)$ 的计算公式如下。

（1）对于建设目标越大越好型，目标满足度计算公式为

$$Q(m) = \begin{cases} 1 - \dfrac{T(m) - S(m)}{I_{\max}(m) - I_{\min}(m)} & T(m) \geqslant S(m) \\ 1 & T(m) < S(m) \end{cases} \tag{2-3}$$

（2）对于建设目标越小越好型，目标满足度计算公式为

$$Q(m) = \begin{cases} 1 - \dfrac{S(m) - T(m)}{I_{\max}(m) - I_{\min}(m)} & T(m) \leqslant S(m) \\ 1 & T(m) > S(m) \end{cases} \tag{2-4}$$

式中：$I_{\max}(m)$ 和 $I_{\min}(m)$ 指的是规划基准年地区电网内各区域电网的目标 m 的最大值和最小值，两者作差反映了目前电网建设水平下建设目标一般可提升的最大幅度，而式中的分子则为目标距离设定目标需要提升的差值。由目标的满足度定义式可知，目标的满足度计算值量化为 $0 \sim 1$，可对不同的目标归一化分析其距离目标值的程度。

根据目标满足度分类需要，可以定义目标满足度的两个阈值 β_1 和 β_2，其中 $0 < \beta_1 < \beta_2 < 1$。当目标满足度计算值为 1 时，表示目标已完全满足要求；当其值小于 1 时，可将目标满足度分为三个区间，$[0, \beta_1)$、$[\beta_1, \beta_2)$、$[\beta_2, 1]$。基于目标满足程度将目标分为 3 类，分别指低满足度、适中满足度、较好满足度，考虑相对均等划分，三个区间可设置为 $[0, 0.3)$、$[0.3, 0.7)$、$[0.7, 1]$。

2.4.3 建设目标导向的差异化划分

基于目标的重要度和满足度分析，从各自的维度已经形成了目标的分类。为综合考虑目标重要度和满足度对新型配电网建设目标的影响，以目标的满足度为横轴，目标的重要度为纵轴，形成目标的二维选取区域。基于该二维选取区域，将目标进行分类，本报告中分为以下四个档次，它们分别为亟待改善、需要改善、基本满足、完全满足。分类的结果即为新型配电网的建设目标导向，即新型配电网的建设目标可根据实际需求，优先解决亟待改善的目标，视情况进一步解决需要改善的目标、基本满足目标，完全满足的目标可以不在建设目标考虑范围之列。

具体的，当某一建设目标的目标满足度为 1 时，则该目标属于"完全满足"。当指目标满足度小于 1，以目标的重要度和满足度形成目标二维区域判断建设

目标的分类,比如,当目标的重要度为很重要,且满足度程度又为低满足度时,则属于亟待改善的目标;当目标的重要度为一般,且为较好满足度时,则属于基本满足的目标;其余划分区域如图 2-5 所示。

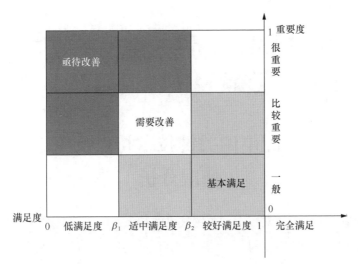

图 2-5 新型配电网建设目标导向的差异化划分

2.5 本 章 小 结

本章首先在总结区域特征和电网特性的基础上,提出新型配电网典型建设场景的划分方法,并将新型配电网划分为城市、农村、海岛、园区等四个场景。接着,在介绍新型配电目标选取原则的基础上,采用鱼骨图因果分析法分析新型配电网运行状态的规律和影响因素,构建了新型配电网建设目标体系,给出了各目标的内涵和计算方法。再者,基于层次分析法,以各目标权重分析取值为关键表征量,提出了目标的重要度划分方法,以期指导不同典型场景对建设目标的差异化重视。最后,结合目标的重要度和满足度分析度,将新型配电网目标划分为亟待改善、需要改善、基本满足、完全满足等四个档次,为新型配电网建设目标导向提供了划分边界,并为后续分析新型配电网典型场景差异化制定方案奠定目标导向基础。

3 新型配电网关键技术应用现状及技术谱系

3.1 配电网关键技术特点及应用情况分析

本章基于实际调研对配电网关键技术的特点及应用情况进行分析。对广东13个智能电网示范区开展调研，覆盖城市、园区、海岛、农村等不同场景，既有广州、佛山、珠海、中山、东莞等珠三角城市地区，也有汕头南澳海岛地区和云浮、韶关等粤北山区。调研围绕配电网新技术的建设难度、运维难度、实际效益、实际运行情况等关键因素开展。收集了各智能电网示范区关于关键技术的实际建设情况、建设需求和存在问题等基础资料，相关新技术既包括配电自动化等网省公司全面推进的任务，也包括小水电微网、交直流混合配电网等试点应用任务。根据调研现状梳理广东电网公司试点建设的新型配电网关键技术，形成技术谱系，为后续的技术应用成熟度分析与区域新型配电网总体建设方案的构建奠定基础。

3.1.1 源储技术

3.1.1.1 多能互补技术

广州、东莞、汕头、云浮和韶关等地市对多能互补技术开展试点建设，建设模式可以分为"单一分布式能源＋储能"和"多种分布式能源＋储能"两种建设模式。

1. 单一分布式能源＋储能

（1）调研简介。"单一分布式能源＋储能"建设模式是相对于传统的集中供能方式而言的，是一种将冷、热、电系统以小规模、模块化、分散式的方式布置在用户附近，可独立地输出冷、热、电能的系统。再加上储能系统的辅助调节，保证电网的稳定与安全。

佛山、东莞、云浮和韶关采用了第一种建设模式。

其中佛山在技术技能实操基地试点建设光储一体化项目，铺设光伏板面积约为 1700m^2，总容量 150kW，储能采用 250kW/500kWh 磷酸铁锂电池。光伏与电池储能分别通过低压开关连接至配电房的低压母线，保证实操基地的重要负荷不间断供电。

东莞推行"光储充一体化"建设方案，利用电动汽车充电桩、分布式储能和屋顶光伏，打造松山湖"10min 充电圈"建设，增加区域清洁能源占比，优化台区负荷特性，提升台区可靠性。

云浮创新应用光伏-储能一体化系统，建设离网型低压微电网，其中光伏容量 15kW，储能 40kW，满足林场大旺管护点与养殖户用电需求。对比常规中压延伸，新建设的线路方案容易落实且投资小；对比低压延伸电能质量良好，相比中压延伸节省投资 1/3 投资。另外，云浮利用储能和能量管理系统，实现小水电发电协调控制，提高重点关注用户的供电可靠性，解决丰水期引起的过电压问题。

韶关在中压方面利用能量管理系统和并离网控制自动化开关，实现小水电的智能并离网控制，在低压方面采用分布式光伏＋储能＋能量管理系统的技术路线，用于解决偏远山区低压线路供电半径长、末端电压质量差、供电可靠性低的问题。

（2）建设成效。采用多能互补技术可以取得以下成效：

1）针对偏远山区等电网薄弱、变电站布点不足、负荷分散的建设场景，分布式电源建设及控制能有效提高供电可靠性。

2）解决山区电网供电半径过长、末端电压低的问题。相对网架完善工程，投资成本低、建设周期短。

3）降低运维工作量。以韶关项目为例，水电站传统运维需要请 3 个人进行三班倒，智能化改造后，实现一键开机，仅需 1 个人运维。

4）解决分布式能源出力的季节性与不确定性，提高系统运行稳定性。

（3）存在的问题。若项目投资、建设或者运维涉及用户参与，常会面临沟通协调难度大、商业模式尚无统一标准等问题。

（4）经济性论述。建设成本方面，分布式能源产业在我国已经趋于成熟，中国光伏行业协会副理事长兼秘书长王勃华表示，近年来，伴随我国风电、光伏发电技术的飞速进步，成本持续下降，光伏组件价格更是十年来下降 94%，特别在当前"双碳"目标的大环境下，新建"分布式能源＋储能"用于能源转型和经济社会发展的地位更加突出。

2. 多种分布式能源＋储能

（1）调研简介。"多种分布式能源＋储能"建设模式是指针对于"单一分布式能源＋储能"建设模式情况下，存在两种或以上的能源相互之间协调运行的系统。

广州和汕头采用了第二种建设模式。其中广州利用冷热电联产系统（CCHP）分布式能源站、分布式光伏、用户侧电池储能、能量管理系统，显著提高用户侧用能管理智能化水平，减少用户基本电费，降低设备能耗，节约用能成本。汕头在南澳岛试点建设"风力发电＋光伏发电＋柴油发电＋蓄电池组"的离岸海岛独立型微电网，利用多能源的优势互补，解决离岸海岛供电问题。

（2）建设成效。采用多能互补技术可以取得以下成效：

1）与"单一分布式能源＋储能"建设模式类似，综合能源的协调控制能有效提升供电可靠性、降低人工运维量。

2）降低设备能耗，提高综合能源利用效率。

（3）存在的问题。存在的问题与"单一分布式能源＋储能"建设模式一致。

（4）经济性论述。"多种分布式能源＋储能"与"单一分布式能源＋储能"的建设模式一致。多能互补发展是构建新型电力系统的内在要求，是实现电力系统高质量发展的客观需要，其建设所转化的利益已远远大于耗费的成本。

3.1.1.2 储能技术

在配电网中试点建设的储能类型主要为"电化学储能"和"冰蓄冷"两种。大部分的储能会与分布式能源同步建设，达到源储协调运行、提高能源利用效率的目的。其余部分储能会单独建设，主要用于解决负荷的峰谷差问题。

1. 电化学储能

（1）调研简介。电化学储能是指通过电池所完成的能量储存、释放与管理过程，常用的电化学储能电池主要是锂离子电池。

广东电网有限责任公司惠州供电局（简称惠州供电局）在 10kV 望江线 5 个公用变压器的低压侧开展储能试点，建设了总装机容量为 0.7MW/1.4kWh 的并网型调峰储能系统，同时通过台区分布式储能调节上级 10kV 线路的负载率，缓解供电能力不足的情况。

广东电网有限责任公司韶关供电局（简称韶关供电局）利用变电站退役蓄电池作为储能，接在存在电能质量问题的低压线路中后端，通过控制器对储能的管理，实现对低压线路电能质量的改善。

广东电网有限责任公司东莞供电局（简称东莞供电局）在大朗等 6 个台区，利用原有配电房土地，在台区闲置房间加装电化学储能装置，建设 100 ~ 150kW/200 ~ 300kWh 储能系统，实现提升区域供电可靠性和电能质量。

广东电网有限责任公司从化供电局（简称从化供电局）在万力轮胎厂区、万宝空调厂区等 4 个厂区加装分布式电化学储能装置，实现提高一次能源综合利用效率，提高可再生能源就地消纳率，减少用户最大用电负荷，减少电网高峰负荷负担，提高电网供电能力。

（2）建设成效。

1）解决部分公用变压器重过载问题和 10kV 馈线重载问题，缓解电网供电压力。

2）解决负荷尖峰问题，降低峰谷差，缓解供电能力不足的情况。

3）可改善末端用户电压质量差、供电可靠性低的问题。

（3）存在的问题。

1）暂无明确的技术标准，同时缺乏运维经验和标准。

2）储能需要配置风扇等设备，造成比较大的损耗。

（4）经济性论述。各类电化学储能技术需针对其细分市场进行差异化发展。然而无论对于哪一种储能技术，其必须满足 3 个基本要求：安全性高、全生命周期的性价比高、全生命周期的环境负荷低。技术成熟度较高的锂离子电池、全钒液流电池和铅炭电池等电化学储能技术都基本实现市场运营，在不断发展的能源格局中迭代发展，其基本技术参数列于表 3-1。磷酸铁锂具有相对较长的循环寿命、相对较好的安全性、相对较低的成本，已大规模应用于电动汽车、规模储能、备用电源等领域。

表 3-1 现有主要电化学储能技术的关键参数对比表

储能材料	输出功率	放电时间（h）	效率	建设成本（元/kWh）	寿命（年）	装机容量（MW）
铅炭电池	千瓦级～百兆瓦级	0.25～5	75%～85%	350～1500	8～10	小于 168
高温钠基电池	百千瓦级～百兆瓦级	1～10	75%～85%	2200～3000	10～15	大于 350
锂离子电池	千瓦级～百兆瓦级	0.25～30	80%～90%	800～2000	5～10	小于 2240
全钒液流电池	千瓦级～百兆瓦级	1～20	75%～85%	2000～4000	大于 10	小于 260
锌基液流电池	千瓦级～兆瓦级	0.5～10	70%～80%	1000～2000	大于 10	小于 33
钠离子电池	千瓦级～兆瓦级	0.3～30	80%～90%	750～1500	5～10	小于 0.1

注 数据统计来源为新能源网。

2. 冰蓄冷储能

（1）调研简介。冰蓄冷储能是指将水制成冰的方式，利用冰的相变潜热进行冷量的储存技术。佛山市电力科技产业园某大厦为大型写字楼，空调能耗占比高，年运行费用达 180 万元。广东电网有限责任公司佛山供电局（简称佛山供电局）选择在该大厦试点建设一套蓄冷系统，蓄冰槽 145m³，蓄冷量 2400RTH，通过夜间蓄冷、白天放冷的模式运行。

（2）建设成效。

1）占地面积小、运维成本低，能有效提升节能效益。

2）利用冰蓄冷储能技术，有效降低用户制冷用电量。

（3）存在的问题。冰蓄冷系统造价高于普通的制冷空调，效益较依赖政策。佛山在当地蓄冷电价的政策响应下，每年可节省 60 万元运行费用，但无政策的情况下不一定能达到很好的效益。

（4）经济性论述。冰蓄冷的设备造价较高，是否有经济效益需要根据区域的冷负荷大小决定，在建设之前需要收集并分析区域的用冷负荷数据，结合蓄冷电价的政策分析其经济性。

3.1.2 网侧技术

3.1.2.1 自愈控制技术

根据调研情况，广州、佛山、东莞、江门、汕头、中山等供电局均开展了配电网自动化改造工程。根据自动化建设情况，可以分为"智能分布式馈线自动化""主站集中式馈线自动化""主站就地协同自动化"等模式。

1. 智能分布式馈线自动化

（1）调研简介。智能分布式馈线自动化是一种基于对等通信网络的、只需要配电终端参与的分布式配电自动化方案，每个配电终端都可以感知相邻终端的状态信息，从而实现更加智能的故障定位、隔离和恢复供电。

东莞、珠海、江门、中山和汕头等供电局采用智能分布式自动化的建设路线。

其中东莞供电局为支撑高可靠性示范区建设，在松山湖区域进行中压配电网自动化升级改造，这实现了松山湖区域配电网智能分布式全覆盖，实现了毫秒级自愈。

广东电网有限责任公司珠海供电局（简称珠海供电局）在全省率先开展智能分布式自动化装置的研发和应用，集成光纤差动保护、网络拓扑保护、母差保护、对等式备用电源自动投入使用装置等功能。采用双链环智能分布式自愈策略，能够快速定位和隔离故障，非故障段自动复电最快达毫秒级。

广东电网有限责任公司江门供电局（简称江门供电局）为提升 A 类区域配电网精细化管理水平，实现 10kV 科智甲线和 10kV 明泰甲线的智能分布式自动化全覆盖。项目正式投运时间较短，暂无运行经验和实际效益，设备的运维和调试存在困难，并且缺乏同步的继保仪等调试用的辅助设备。

广东电网有限责任公司中山供电局（简称中山供电局）对 3-1 单环网、双环网两种网架模式开展智能分布式自动化建设，验证智能分布式建设模式的适应性，同时中山已经有对应的建设标准，根据地区的典型场景来选取不同的自动化。

广东电网有限责任公司汕头供电局（简称汕头供电局）为优化南澳岛中压配电网网架结构，解决中压配电网网架薄弱问题，提高居民的用电质量和供电可靠性，采用智能分布式自动化建设模式，实现中压故障的自动定位与自动隔离以及非故障区域恢复供电的目标，大大缩短故障时间，提高供电可靠性。共新建、改造开关柜 296 面，电缆分接箱 3 台，柱上开关 15 个，解决配电变压器重过载 39 台。城内采用智能分布式馈线自动化，镇区外采用电压电流型（对等通信）馈线自动化方案，建设"三遥"开关 115 个，数据传输单元（DTU）终端 21 套，配电开关监控终端（FTU）13 套，实现馈线自动化线路全覆盖。

（2）建设成效。

1）效率高，减轻主站的运维压力。

2）通过终端对等通信就地隔离故障并恢复故障段供电，有效降低故障隔离及非故障段复电时间。

3）故障的区域范围隔离更精准。

（3）存在的问题。

1）智能分布式的调试较为困难，调试的辅助设备（同步的继保仪）紧缺，调试的过程中很难做到一致同步。

2）网架改造后，智能分布式需要重新调试。

3）光纤依赖度大，智能分布式要求光纤直连，但光纤运维较困难。

4）不同厂家设备上的兼容与管理问题，不同设备厂家的逻辑不一致，要么保证同一条线路上的设备一致，很难实现不同厂家互相通信互相配置。即使实现了终端设备互联互通，在投运之后若出现误动拒动的情况，责任归属也不清晰。

（4）经济性论述。智能分布式馈线自动化模式中，随着自动化的规模升级，主站无须改造，但需要配套的开关柜拥有快速开合闸断路器能力，当地区现有开关柜不满足要求时，需要整体更换拥有快速开合闸断路器能力且具备自动化功能的成套设备，自动化总体投资相对于主站集中式馈线自动化的投资大，并且智能分布式必须采用光纤通信，主站集中可采用无线通信，相比而言，实现智能分布式的建设成本较大。

2. 主站集中式馈线自动化

（1）调研简介。主站集中式馈线自动化是一种利用配电终端进行故障识别，并与主站进行通信，由主站定位故障点，并通过主站下发命令给配电终端实现故障隔离和恢复供电的自动化方案。

广东电网有限责任公司广州供电局（简称广州供电局）在中新广州知识城"花瓣型"的接线模式下，推进配电自动化、光纤与一次网架同步建设 100% 全覆盖，同时采用线路光差保护、开关站母差保护的主保护，配以三段式电流保护的后备保护等的"集中式配电自动化＋差动保护"的技术方案。

除此之外，广州供电局在广州越秀老城区智能电网示范区采用主站集中控制式馈线自动化技术，计划将二沙岛设置为自愈电网试点区域，实现全岛线路自愈功能。

（2）建设成效。

1）配置花瓣间广域备用电源自动投入使用装置、过负荷减载，实现快速隔离故障、转供电等，将供电可靠性提高至 99.999%。

2）常规典型接线配合"集中式配电自动化"的技术，实现对故障的自动识别、自动隔离和迅速自动恢复，有效优化地区营商环境，最大限度减少区域停电带来的经济损失。

（3）存在的问题。

1）与另外两种馈线自动化建设模式相对比，主站的运维压力较大。

2）由于开关的控制局限于主站的下达指令，会存在后台无法遥控开关闭合的情况。

（4）经济性论述。主站集中式馈线自动化中，随着自动化的规模升级，主站也需同步升级改造，但配套的开关柜兼容性较强，无论是负荷开关还是具备快速开合闸断路器能力的开关柜均能满足要求，且主站集中可采用无线通信，相比较来说，实现主站集中式馈线自动化的建设成本较低。

3. 主站就地协同自动化

（1）调研简介。主站就地协同自动化是指智能分布式自愈与主站集中控制自愈相互协同、灵活优化搭配的一种自愈新模式。在 2019 年 6 月，广东电网公司制定了《广东电网有限责任公司配网自愈技术规范》，提出了以智能分布式自愈和主站就地协同自愈并行的技术方案，首次提出主站就地协同自愈技术路线，既保留就地型自愈快速定位和隔离故障的优点，又发挥主站型自愈在非故障区域恢复送电转供分析更加合理、更加安全的优势，开创了南方电网配电网故障自愈新模式。该模式下，在配电网发生故障时，利用自愈技术电网可自动快速恢复供电，整个过程不需要人工干预，全部由智能系统自动完成，主站就地协同自愈为减少故障停电时间、提高供电可靠性提供了坚实保障。

佛山供电局以主站就地协同为主要的自动化手段，在金融高新区智能电网示范区实现智能分布式自愈与主站就地协同型自愈灵活优化搭配新模式，完成区域 143 个节点自愈改造及调试，实现自愈覆盖率 100%。

（2）建设成效。

1）实现了故障快速复电，缩小故障影响的停电范围，单条线路从发生故障到非故障区域复电时间小于 2min，大幅提升用户可靠性。

2）充分利用现有设备资源，不重复投资建设。

3）优化配电网自动化设备布点，改变以往单纯的"1分段+1环网"的有效自愈覆盖概念。

（3）存在的问题。主站就地协同自动化存在定值设定和维护难度较大的问题。

（4）经济性论述。主站就地协同型包含主站与级差保护协同型、主站与电压-时间/电流协同型、主站与智能分布式协同型。其建设模式不同，建设成本也不一致，其中主站与智能分布式协同型相对比于另外两种建设模式，对网架要求较高，建设成本最高。另外，一般来说，在同等的网架情况下，主站就地协同型的建设成本高于主站集中式馈线自动化，低于智能分布式馈线自动化，并且网架的条件越好（比如网架符合典型接线要求，具备可靠、安全的通信条件等），其建设成本差距会越小，甚至相互持平。

3.1.2.2　通信技术

根据调研情况，通信技术主要分为中压侧与低压侧应用场景，中压侧通信方面，主要推进光纤通信技术，不具备光纤通信的地区主要采用无线公网通信技术；而低压侧通信方面，低压配电网业务主要采用新一代载波通信接入，具备光纤接入条件的，优选光纤接入，既不具备光纤接入条件又不适用新一代载波的，可采用RS-485总线、微功率无线、无线公网等通信方式，满足各类低压业务通信需求。江门、云浮和中山等多个供电局均已在低压侧开展了新型宽带载波通信技术试点建设，韶关和汕头试点采用远距离通信（long range radio，LoRa）技术，广州试点采用5G无线通信技术。

1. 低压宽带载波通信技术

（1）调研简介。低压宽带载波通信技术是利用低压电力配电线（380/220V用户线）作为信息传输媒介进行语音或数据传输的一种特殊通信方式。其最大特点是不需要重新架设网络，只要有电线，就能进行数据传递，并且通道带宽较宽，传输速率较高，比窄带载波性能更优良。另外宽带载波受外界电力网络干扰小，低压电力线载波干扰频段限制在1MHz以下，而低压电力线宽带载波是建立在1MHz以上带宽的，低压宽带电力载波的基本频带为1~20MHz，扩展频带为3~100MHz，即可有效避免对外界的干扰。

江门采用低压宽带载波通信技术解决窄带载波的通信瓶颈问题，为低压可视化工程打下基础。云浮利用低压宽带载波通信技术通信信号强、抗干扰能力强、造价低等优点，提高工程经济性，降低故障复电时间。

（2）建设成效。

1）传输延迟低，传输抗干扰能力强。

2）造价低，工程经济性高。

（3）存在的问题。低压宽带载波技术在工程应用中暂无问题。

（4）经济性论述。低压电力线宽带载波路由合理，通道建设投资相对较低，但运维成本较高。

2. 远距离通信技术

（1）调研简介。LoRa 就是远距离无线电，它最大特点就是在同样的功耗条件下比其他无线方式传播的距离更远，实现了低功耗和远距离的统一。

韶关和汕头试点采用远距离通信技术，前者主要是应用在中压侧，采用 LoRa 通信技术实现长距离通信，最长的通信接引可达 2km，解决小水电位于山区信号极差、无法实现通信的问题；后者主要是应用在低压侧，利用 LoRa 网络低成本、低功耗、远距离、高容量、抗干扰和穿透能力强的特点，解决南澳岛恶劣环境的通信问题，提高了抄表系统的整体稳定性。

（2）建设成效。

1）传输距离长，容量高。

2）成本低，功耗也较小。

（3）存在的问题。

1）尽管 LoRa 通信技术抗干扰能力强，运用在低压侧时非常稳定，但利用在中压侧时，由于距离过长时信号存在间断问题，不能做到完全可靠。

2）Ⅰ型网关和Ⅱ型网关个体比较大，安装时需要向居民协调位置，存在居民害怕有辐射的情况而不给安装的情况。

3）运维依赖厂家，存在一定难度。

4）2019 年 11 月 28 日，中华人民共和国工业和信息化部发布第 52 号公告，明确规定，433MHz 不属于中国的 ISM 频段，这很大限度地限制了 LoRa 技术的推广应用。

（4）经济性论述。LoRa 技术具有远距离、低功耗（电池寿命长）、多节点、低成本的特性。

3. 5G无线通信技术

（1）调研简介。5G 技术凭借自身"大带宽、低延时、高速率"等优势，使电力信息高密度、大范围、实时采集和传输成为可能，为更深层次的智能监测提供技术手段。常用的远程通信（4G、NB-IOT、LoRa）、本地通信（窄带高速电力载波、窄带载波、微功率无线通信）都无法满足"大带宽、大连接、低时延"的通信要求。广州供电局在南沙"5G＋高级量测及智慧用电"综合示范项目中，将引入智能电能表和智能集中器与5G通信技术融合，实现数据的高密度、低时延采集和传输。

（2）建设成效。

1）有效提升传输带宽，平均传输速率可达2～3Gbit/s，相比之下，4G平均传输速度仅100～500Mbit/s。

2）理论空口时延可降低到4ms。

（3）存在的问题。暂无明显问题。

（4）经济性论述。5G在电力领域的应用场景主要涵盖了采集监控类业务及实时控制类业务，包括输电线无人机巡检、变电站机器人巡检、电能质量监测、配电自动化、配电网差动保护、分布式能源控制等。随着5G的覆盖率逐步提高，5G在电力领域的应用场景也会逐步开始规模推广，其应用的通道建设投资也会相对降低。但5G作为无线通信的一种，每个月都需要缴纳一定的费用，其运维成本相对较高。

3.1.2.3 计量自动化技术

电力计量工作是电力安全生产和经营管理中非常重要的组成部分，是保证贸易结算公平、公正的基础，直接关系到计量量值的准确，涉及各方利益，关系到人民生活和社会安定。计量自动化技术主要涉及计量自动化主站系统、计量自动化终端与主站的远程通信、计量自动化终端与电能表的通信、计量自动化采集终端等技术。其中，计量自动化采集终端主要包括厂站电能量采集终端、负荷管理终端、配电变压器监测计量终端和低压集中抄表系统。

1. 调研简介

（1）厂站电能量采集终端。厂站电能量采集终端应用于电厂、变电站，现场多为供电企业自有产业，现场条件良好，对数据的要求很高。因此一般通过专线拨号、以太网等连接计量自动化主站，以确保其数据的安全性和采集的成功率。南方电网已制定Q/CSG 11109001—2013《中国南方电网有限责任公司厂站电能量采集终端技术规范》与《中国南方电网有限责任公司厂站电能量采集终端检验技术规范》，对厂站电能量采集终端外形结构、技术要求和检验验收等规则做出了规定，为厂站电能量采集终端招标采购、检验验收及质量监督等工作提供了技术依据。

（2）负荷管理终端。负荷管理终端安装于电力企业与专用变压器用户的产权分界点处，用于实现对专用变压器用户的远程抄表、负荷监控等功能。负荷管理终端通过 RS-485 对专用变压器用户的电能表数据进行采集，同时自身也具备计量功能，可以与电能表数据进行比对，以便电力企业分析。除常规关键数据外，负荷管理终端还具备上报停电信号的功能，可以及时发现现场故障。广东电网公司配电网规划技术指导原则要求，10kV 专用变压器客户应全部安装负荷管理终端，业扩新装客户应同步安装负荷管理终端，并接入通信资源，保持 100% 覆盖率。

（3）配电变压器监测计量终端。配电变压器监测计量终端安装在供电企业自有变压器，因现场电房条件多样，同样采用无线网络进行通信，同时其仅作为供电企业内部考核节点，对数据的要求性也低于厂站。配电变压器终端自行实现电能量数据的计量，并通过以太网、230MHz 电力专网、无线网络连接计量自动化主站。广东电网公司配电网规划技术指导原则要求，公用配电变压器全部安装配电变压器监测计量终端。

（4）低压集中抄表系统。为贯彻落实南方电网《关于全面推进"十三五"改革发展的若干意见》（南方电网办〔2016〕1 号）和《关于推进营销创新工作的意见》工作要求，2016 年，网公司全面启动智能电能表和低压集抄全覆盖工作部署，截至 2018 年 12 月，广东电网公司已实现智能电能表和低压集抄覆盖率达到 100%。低压集中抄表系统用于抄录低压用户电能表，现场条件最为复杂，常常有多个规约、不同年份的设备同时存在，因此现场安装、通信方式也较为多样。系统需要与智能电能表配合，实现对配电变压器下用户电能表数据的采集，主要采集数据为每日零点冻结电量，采集频率为 1 次/天。随着4G 网络的普遍应用和高速电力线载波技术的应用，也逐渐开始采集部分重要低压用户的电压数据、停电数据等。

2. 建设成效

（1）计量自动化系统建设具有经济性。随着人力成本的升高，建设该系统最直观的效益是减少了抄表人员数量的投入，降低了企业人力成本，也提高了数据的准确性。计量自动化系统的建立也使得线损信息更为准确，对线损异常的情况能及时发出警报，极大地提高了查处偷电、漏电等情况的效率。

（2）计量自动化系统建设具有智能性。用电数据的直接采集避免了人工抄表的人为失误，同时配电变压器监测计量终端对公用变压器三相负荷进行监测，可以观察台区内三相不平衡情况，指导业扩报装业务，提高用电负荷分配的合理性。同时每 15min 对专用变压器用户进行数据监控，可以及时发现失电压、失电流等情况，快速发现用户故障或可能存在的窃电行为。

（3）计量自动化系统建设具有推广适用性。广东电网公司的配电网计量通过省级集中计量自动化系统实现配电网电能计量数据"统一采集、统一存储、统一监控、统一应用"。计量自动化系统已覆盖全网各种计量点及采集终端，集信息采集、监控、分析和计量管理于一体，完成了对电厂、变电站、公用变压器、专用变压器、低压集抄等发电侧、供电侧、配电侧、售电侧综合统一的数据采集监控，为远程抄表、有序用电、负荷控制、电费结算、市场管理、电能替代等业务提供了实时数据支撑。

3. 存在的问题

计量自动化技术在工程应用中暂无问题。

4. 经济性论述

计量自动化技术是保证贸易结算公平、公正的基础，直接关系到计量量值的准确，是电网发展的基础，因此本书不再对其投资成本进行赘述。

3.1.2.4 台区智能化技术

广州、东莞、佛山、中山、云浮、肇庆、韶关、汕头等地市对台区智能化技术开展试点建设，建设模式可以分为建设"智能配电房""低压联络""低压可视化"和"智能换相"等。

1. 智能配电房与智能台区

（1）调研简介。智能配电房的建设主要以《南方电网标准设计与典型造价 V3.0（智能配电）》作为标准。少量智能配电房在《南方电网标准设计与典型造价 V3.0（智能配电）》印发前建设，属于先行先试，建设标准不统一，如云浮的智能配电房以及广州、东莞的部分智能配电房为先行先试。本报告重点以按照《南方电网标准设计与典型造价 V3.0（智能配电）》为标准建设的智能配电房开展分析。

（2）建设成效。

1）可以实现配电房内各类电气量、环境状况、设备状态等信息的监控和告警。通过远程监控，减少人工运维和巡检的工作量。

2）提高预警水平，针对隐患缺陷开展实时状态评价和预警，有效减少计划检修的停电次数和时间。

总体来说，智能配电房通过监测设备状态或故障预警，间接提高供电可靠性。但其作用更侧重于提高低压设备信息的可视化、数字化水平，作为信息采集基础，为后续进一步提高低压电网的智能化奠定基石。

（3）存在的问题。

1）智能配电房无法完全替代人工巡视运维。高配的建设方案可以取代大部分人工巡视工作，但投资过高，投资收益比过低。而中配和低配很难满足信息采集和设备在线监测要求。

2）《南方电网标准设计与典型造价 V3.0（智能配电）》所选的部分设备价格偏贵，做不到可靠且低成本。

3）涉及一二次融合的设备，由于二次部分的寿命远小于一次部分，一旦二次部分故障，就需要对整体设备拆开更换，增加了不必要的停电时间。

4）部分设备仍不成熟，安装和调试存在一定困难。

5）施工人员安装智能配电房设备的技术并不到位，大部分安装运维依赖厂家。

（4）经济性论述。根据《南方电网标准设计与典型造价 V3.0（智能配电）》，智能开关站、配电房以及台区分为三种配置方案，其中高级配置方案的投资成本最大，标准配置方案的投资最低，各传感器的性价比具体可见《广东电网公司"十四五"中低压配电网（二次部分）规划建设目标及原则》。

2. **低压联络**

（1）调研简介。低压联络技术是指相对于常规的低压开关柜而言，多了一个具备低压合环、低压转供、发电车接入等功能的智能开关的新型低压柜。

广州和韶关两个供电局开展了低压联络的试点建设。其中广州在越秀老城区智能电网示范区的较场 F19 某公司综合房等 3 间电房进行低压联络改造，在低压台区中建设智能低压联络开关柜，一方面提供了让发电车快速接入的备用开关，另一方面可以实现低压的临时联络，避免施工或检修时的停电。

韶关为解决镇区供电可靠性低的问题，选择在不同 10kV 馈线供电的两个低压台区间加装联络开关，实现低压联络。

（2）建设成效。建设低压联络主要可以实现在计划停电时，通过低压联络进行转供，减少停电次数和时间。以广州供电局为例，按每月 60 单计划停电计算，其中约 30% 可以进行低压转供。

（3）存在的问题。

1）大部分台区主要是在末端联络，与设备利用率相互矛盾，提高可靠性的时候会降低设备利用率。

2）智能低压联络开关柜的成本较普通开关柜高。

（4）经济性论述。在同类型的条件下，智能低压联络开关柜的成本较普通开关柜高 1.5 倍左右。

3. 低压可视化

（1）调研简介。低压可视化技术可用于实现低压拓扑关系的分析、低压故障定位等功能，中山和云浮开展了相关的试点建设工作。

云浮的建设模式是采用"拓扑识别模块（CTU）+ 宽带载波"的建设模式，通过电流互感器（TA）与拓扑识别模块配合使用，可识别低压台区"变-线-户"关系，通过与配电变压器监测终端（TTU）的配合，实现低压台区拓扑关系的自动识别和生成；通过 RS-485 与剩余电流动作保护器通信，实现对开关状态的读取以及开关分、合闸控制。采取电力载波和 LoRa 无线方式与 TTU 进行通信，实现数据的上送及控制的下发。

中山的建设模式主要有"停电告警模块 + 宽带载波""停电告警模块 + 宽带载波 + 低压智能网关 + 低压分路电能表"和"停电告警模块 + 宽带载波 + 低压智能网关 + 低压分路电能表 + 拓扑分析模块"三种建设模式。第一种建设模式主要通过在智能电能表中加装停电告警模块，在停电时，利用现有的计量系统的信号传输通道，自动上送停电信息至低压主动抢修系统，达到故障精准定位的效果。第二种建设模式是在第一种建设模式的基础上，加装低压智能网关，同时在各低压分支线中加装分路电能表，改变了原有需要通过计量自动化系统传输信息的方式，提高了传输速度，做到分钟级的信号实时传输和监测。第三种建设模式与云浮的建设模式类似。

江门供电局通过大数据技术和人工智能分析，充分挖掘相关业务系统（八大系统）的配电网海量大数据的应用价值，实现相关的配电网集约化管理技术和低压配电网可视化功能，包括配电网数据平台、低压拓扑自动生成、低压停电自动感知、工单智能分析、故障的地图自动导航、负荷预测及用户行为分析等。

（2）建设成效。

1）加装停电告警模块后，可有效提升隐患分析和故障定位的能力。以韶关的建设方案为例，解决了偏远地区故障抢修时间长的问题。以云浮的大江镇为例，实现低压可视化后，用户平均停电时间降为 3.12h/户，同比下降 24.64%。

2）通过加装拓扑识别模块，实现低压台区"变-线-户"关系的识别。

总体来说，低压可视化技术可以实现低压拓扑的识别及故障的快速定位，侧重解决故障抢修时间长、可靠性要求高的区域的问题。

（3）存在的问题。

1）低压拓扑可视化仅能分析台区的"变-线-户"的拓扑连接关系，未能实现地理拓扑的识别。

2）维护依赖厂家，设备故障后只能直接更换设备，维护成本较高。

（4）经济性论述。根据调研，低压可视化的建设模式主要分为以下两种。

第一种是江门供电局正在试点的低压可视化，其基于现有各大数据平台的信息数据，利用人工智能＋大数据技术，实现对全地区全范围的准实时可视化展示。该方案基本不用现场实施，免现场维护，其投资成本也相对较低。

第二种是中山供电局与云浮供电局正在试点的低压可视化，该方式是在《南方电网标准设计与典型造价 V3.0（智能配电）》的基础上，通过在户外台区配置台区智能终端、可控低压分支开关及视频监控等设备，构建以台区智能终端为核心的低压台区可视化功能。该建设方案的投资成本较高，且该方案需具备可靠、安全的通信条件，因此需要搭配光纤通信技术。仅计算设备改造费用的情况下，一个 200 户台区的改造费用达 30 万元左右。

4. 智能换相

（1）调研简介。智能换相技术是一种运用智能换相开关，通过采集分析台区三相负荷数据，智能控制换相开关切换单相负载，从负载端实现整个台区三相平衡的技术。

针对低压台区三相不平衡的问题，肇庆和韶关采用加装智能换相开关的建设方案，实现低压三相负荷的智能调节。

（2）建设成效。

1）建设低压智能换相开关主要解决低电压和三相严重不平衡的问题。

2）换相开关设备小，施工难度不大，运维难度低。

（3）存在的问题。应用暂未发现明显缺点。

（4）经济性论述。换相开关的目标在于提高整个台区的经济运行效率、降低损耗、节约能源、提高变压器寿命。以韶关供电局实施的乳城镇区长乐台区智慧台区项目为例，每台换相开关的投资成本为 5400 元。

5. 新一代智能终端

（1）调研简介。广州供电局此前已实现智能电能表和低压集抄的全覆盖，但距离智能化高级量测仍有距离，主要表现在台区户变关系不清晰、受限于通信手段、无法高密度采集、故障定位无法精确至低压线路、缺乏智能运维手段、电能表的时钟延时大、用电信息采集不准等问题。

为解决上述问题，广州供电局在南沙试点建设"5G+高级量测及智慧用电综合示范项目"，结合 5G 通信技术，开发了包括新一代智能集中器和智能电能表在内的新一代智能终端。其中新一代集中器集低压集抄集中器、负荷管理终端、配电变压器监测计量终端、TTU 于一体，实现功能"四合一"，具备强大的边缘计算能力，可实现电能质量监控、智能故障诊断、有序充电等多种区域分析、决策、控制功能。新一代智能电能表集成计量、管理和通信等模块，能够解决现场运行电能表计量误差无法实时监测、停电事件及电压合格率无法自动统计等问题，提高了用户可观可测和互动能力。

（2）建设成效。

1）利用智能终端的台区自动识别功能，实现现场台区户变关系的自动智能识别与准确校验。

2）子站系统通过精细化线损分析模块，可以确定该分支节点是否存在线损或线损是否合理，从而找出线损异常点，实现台区供电线损（准实时）的分层统计与分析，提高台区线损管理水平。

3）可采集监控台区总电流、电压、频率、温度、负载率及三相负荷的均衡度、有功和无功电量、谐波含有率等数据，对异常事件进行告警上报，形成电能质量报表。

（3）存在的问题。暂无明显问题。

（4）经济性论述。新一代智能终端实现非侵入式负荷识别、分钟级数据采集等数据集中采集，实时监测用电安全、准确定位故障、精确识别负荷、支持能源服务拓展功能，有效支撑智能化供电服务和综合能源服务等高级应用。新一代智能终端在广东电网范围内仅有广州南沙正在试点，投资成本为平均每户925.39 元。

3.1.2.5 直流配电技术

经调研，佛山、东莞、珠海和汕头等供电局试点建设了直流配电网。根据建设模式的不同，可以分为"交直流混联电网"和"柔性直流配电网"两种。

其中佛山和东莞采用"交直流混联电网"的建设模式，珠海采用"柔性直流配电网"的建设模式。

"交直流混联电网"的建设模式是指以中压直流开关为中间环节，经由 AC/DC 换流器（电压源型）或 DC/DC 换流器实现电能转换，从而实现交直流系统柔性互联的灵活配电系统。"交直流混联电网"建设模式的示意图如图 3-1 所示。

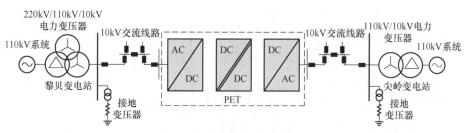

图 3-1 "交直流混联电网"建设模式图

"柔性直流配电网"的建设模式是指 10kV 配电网侧采用中压直流线路代替交流线路，整个 10kV 中压系统均为直流系统，从而实现配电网系统功率潮流的灵活调控、故障限流与自愈、多种能源/多元负荷和储能的即插即用等功能。"柔性直流电网"建设模式的示意图如图 3-2 所示。

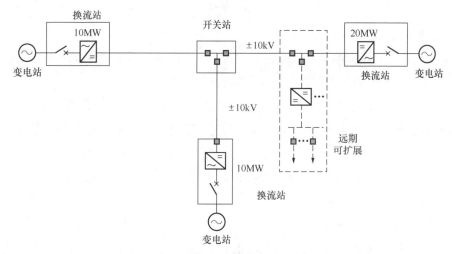

图 3-2 "柔性直流配电网"建设模式图（以三端电源为例）

1. 交直流混联配电网

（1）调研简介。佛山通过利用三端柔性多状态开关，试点建设了交直流混合示范工程。但设备仍在调试过程中，未具体运行，尚无实际运维经验。

东莞松山湖示范区建设了较多直流配电相关的技术，部分工程仍在建设过程中，比如中压配电网柔性互联网架工程、南区局办公楼配用电系统直流化改造工程。但也有已经竣工且运维时间长达半年的直流工程，比如交直流混合示范工程采用直流断路器和多端口电力电子变压器，在松山湖工业园、办公生活园区建设的交直流混合示范工程包含光伏、充电桩、工业负荷的交直流混合配电系统和基于多形态能量路由器的交直流混联系统。

（2）建设成效。

1）实现电源、负荷的灵活接入和控制，降低分布式能源波动性对电网的影响，提升能源消纳能力。

2）实现多种能源的互补协调，提高能量利用效率。

3）面向高渗透率光伏、储能、直流负载等设备，实现高效接入。

4）结合用户侧的光伏及储能，实现用户侧的低碳节能运行。

5）结合"软开关"技术，实现中低压交流的合环运行。

（3）存在的问题。

1）占地面积大，投资成本高，需进一步研究低成本技术。

2）国内正在制定相关的标准规范，需尽快与相关的中国国家标准化管理委员会对接，形成行业乃至国家的标准规范，目前的运维经验只能组建相关团队编制相关的规程和作业指导书。

3）缺乏建设标准和验收标准，同时运维人员的技术水平暂未跟上。

4）需进一步研究提高设备运行可靠性的技术。

（4）经济性论述。以东莞供电局"中压配电网柔性互联示范项目"为例，该项目总投资预算约为 6278.36 万元。交直流混联配电网技术投资设备的成本颇高，但技术仍处于发展前期，市场仍未完全开放，随着直流配电技术的大量应用、相关设备技术成熟度的不断提升，其成本将会呈现与光伏逆变器等电力电子设备相似的下降趋势。

2. 柔性直流配电网

（1）调研简介。汕头开展新型直流断路器和直流超导限流器的研究和试点应用，在南澳岛试点建设了直流电网，降低风电出力波动性对电网的影响。

珠海在唐家湾建设 ±10kV、换流容量为 40MW 的四端柔性直流配电网，包括唐家（20MW）、鸡山Ⅰ（10MW）、鸡山Ⅱ（10MW）换流站与科技园降压换流站（2MW）。四端站点通过直流电缆线路互联，形成可扩展的 T 接网络结构，直流线路配置了线路保护，通过直流断路器、交叉钳位换流阀实现故障清除。

（2）建设成效。

1）在新能源接入方面与"交直流混联"的模式作用相同，可提升新能源接入的灵活性。

2）简化储能电站、电动汽车与可再生能源等的并网接口，降低损耗。

3）实现两个变电站之间的功率互济，降低区域备用容量，提高设备利用率。

（3）存在的问题。

1）占地面积大，投资成本高。

2）控制保护系统的配置较复杂。

3）缺乏适合直流配电网的运维技术规范，运维人员的技术水平暂未跟上。

（4）经济性论述。以珠海供电局"支持能源消费革命的城市-园区双级'互联网＋'智慧能源示范工程项目（物理层-柔性交直流配电网）"为例，该项目直流相关的建设共投资 17339.01 万元，其中主要设备造价：建设 1 座 ±10kV唐家换流站，容量为 20MW，总投资为 2998.59 万元；建设 ±10kV 鸡山换流站Ⅰ与鸡山换流站Ⅱ两座换流站，每个换流站的容量均为 10MW，总投资为6787.18 万元。柔性直流配电网与交直流混联配电网技术类似，其成本将会呈现与光伏逆变器等电力电子设备相似的下降趋势。

3.1.2.6　新型装备技术

为提升电网智能化装备水平、解决配电网相关问题，汕头、韶关等供电局试点应用了新型智能化设备，主要包括新型变压器、配电网架空线路录波监测装置和馈线调压器三类新型设备。

1. 新型变压器（高过载能力配电变压器/有载调容量变压器）

（1）调研简介。汕头供电局针对南澳旅游季负荷波动大的用电特点，试点应用了高过载能力配电变压器和有载调容量变压器两种新型变压器。高过载能力配电变压器是通过优化配电变压器结构与采用高温绝缘材料的新型变压器。相对于传统变压器而言，高过载能力配电变压器具备诸多优点，防火能力强、变压器的尺寸可以减小、变压器的质量也随之降低。有载调容量变压器是一种具有两种额定容量的变压器，根据负荷大小，利用专门的调容开关来变换绕组的连接方式，实现变压器两种不同容量之间的切换，同时自动实时监测和控制，根据实际负荷大小合理地进行容量调节。

韶关供电局针对台区电压波动大、电能质量差等问题，在刁子塘、镇区 1 号、镇区 2 号三个台区更换有载调容量变压器，改善台区的电能质量。

（2）建设成效。

1）使用高过载能力配电变压器可解决台区短时过载问题，减少设备增容投资。

2）使用有载调容量变压器可降低日常低负载时段的空载损耗，提高运行经济性。

3）与传统的人工对配电变压器进行调挡、调负荷、测量数据等工作相比，有载调容量变压器大大降低了运维人员压力。

4）解决台区电压波动大、三相不平衡严重、末端电压质量差的问题。

（3）存在的问题。

1）新型设备还没有一个统一的协议，所以数据都只实现就地，没有上送到云平台。

2）有载调容量变压器暂时不能远程调控挡位，目前通过制定策略实现智能调节，如有载调容有 315kVA 和 630kVA 两个挡位，当达到某个临界值时会自动调整挡位。

（4）经济性论述。新型变压器的目的在于提升电压质量、延长用电设备寿命、提高用户用电服务体验。在容量相同的情况下，高过载能力配电变压器/有载调容量电变压器的建设成本较普通变压器高 1.5 倍左右。

2. 馈线调压器

（1）调研简介。馈线调压器是一种安装在中压馈线上，通过有载分接开关调节变压器变比来实现自动有载调压，智能控制器以 51 系列单片机为核心，对信号进行采集、分析、判断、处理，然后发出信号，驱动有载分接开关调节电压的装置。

为解决乳源县内水电混合线路引起的电压偏高、电压波动大的问题，韶关供电局在 10kV 必背线、白竹线和坪溪线开展馈线调压器可视化改造工程。对线路上加装的馈线双向调压器进行智能化升级改造，实现数据远程采集、现场自动调整电压、远程控制更换电压范围。

（2）建设成效。

1）线路较长且小水电处于末端时，丰水期末端电压高，枯水期末端电压低，电压季节性波动大，加装馈线双向调压器可有效解决电压波动问题。

2）可实现数据远程采集，最为明显的是坪溪线调压器，数据已接入配电网自动化平台。

（3）存在的问题。

1）理论上会提高线损，但由于目前应用区域均为山区，线损水平已经很高了，增大线损的影响不明显。

2）投资和容量关系很大，容量稍大一些，投资额就会大幅上涨，500kVA设备的成本约 10 万元。

（4）经济性论述。馈线调压器的目的在于解决中压馈线电压波动问题，其建设成本会随着容量提升而增加，容量稍大一些，投资额就会大幅上涨。以韶关乳源必背镇 10kV 必背线馈线调压器改造工程为例，1000kVA 调压器设备的综合造价约 15 万元。

3. 录波监测装置

（1）调研简介。录波监测装置是一种适用于线路上的动态录波、故障录波及实时监测和故障分析的装置。当电力系统正常运行时，它进行正常（稳态）录波，同时可进行各种运行参数和电气量的实时监测和分析。当电力系统中发生各种故障（如短路、振荡、频率崩溃、电压崩溃）时，自动启动录波器进行故障录波，记录各种参量（如电流、电压、频率等）及其导出量（如有功功率、无功功率等电气量和相关非电量）变化的全过程，供日后进行故障分析。

韶关供电局针对山区电网故障多、线路分段长度较长、故障定位困难的现状，开展故障录波监测装置的试点建设。

（2）建设成效。

1）录波监测装置建成后，能快速进行故障定位，有效缩短了山区电网的故障恢复时间，提高供电可靠性。

2）安装方便且无须停电，供电局的班员即可安装，不需要依靠厂家。

（3）存在的问题。由于网络安全问题，数据无法上送到厂家的云平台，目前设备基本处于停用状态。

（4）经济性论述。设备安装方便、价格适中，但因数据上送问题，暂无法推广使用。

4. 电能质量治理装置

（1）调研简介。配电网台区三相负荷不平衡会影响台区供电质量，降低配电变压器过载能力，为解决此类问题，广州供电局研发了电能质量治理装置。

该装置主要由"台区电能质量综合诊断测试仪"和"台区电能质量综合补偿装置"组成，可实现三相不平衡台区测试、诊断和治理。其中台区综合诊断测试仪实现台区全电能质量指标的综合分析、电压电流波形和趋势数据的全过程记录、典型工况数据的自动分析，并出具治理方案，同时可对治理后的效果进行综合评估；并联型电能质量综合治理装置可用于解决台区三相不平衡、冲击性无功、谐波以及由三相不平衡问题引起的低电压等问题。电能质量治理装置已在广州各区局实现试点建设。

（2）建设成效。

1）有效地解决了三相电流不平衡的问题，预防了因三相电流不平衡引起的开关跳闸和变压器单相过载等问题，减少了运维人员的工作量。

2）三相有功功率平衡装置投入运行后，解决了台区无功补偿不足的问题，改善了因冲击性无功造成的瞬时电压跌落。

3）三相有功功率平衡装置可解决台区谐波问题，满足居民敏感性负荷对电能质量的要求。

4）安装点电压得到了明显改善。

（3）存在的问题。暂无明显运行问题。

（4）经济性论述。装置建设成本适中，每套台区综合诊断测试仪 19 万元，每台 105kvar 并联型电能质量综合治理装置 4.7 万元，其中台区综合诊断测试仪为采购性工具，可以用作多个台区三相不平衡测试、诊断、分析，而并联型电能质量综合治理装置用作治理台区的电能质量问题，每个台区根据电能质量问题选择性安装，每套并联型电能质量综合治理装置还需要额外的施工费用 0.7 万元。两者建立一套闭环管理体系。

3.1.3 荷侧技术

3.1.3.1 电动汽车充放电控制技术

随着电动汽车的普及，各地市电动汽车的保有量不断上升，各地市在建设电动汽车充电桩的同时，也针对电动汽车充放电控制技术开展了试点工作。根据电动汽车充放电监控程度不同，可以分为"电动汽车充放电监测"和"电动汽车有序充电"两种建设模式。

1. **充放电监测**

（1）调研简介。充放电监测主要通过采集电动汽车电池的状态信息并上送至监控系统，实现电动汽车充电桩的功率控制和电池状态诊断。其中东莞供电局在松湖广场建设充电桩，开展充电桩运营服务，并将充电桩信息接入松山湖能源互联共享平台。打造松山湖"10分钟充电圈"，支撑新能源汽车推广，实现充电桩资源接入和在线监控。汕头在南澳大桥停车场、广东电网汕头南澳供电局有限责任公司、南澳供电营业点等场所配置电动汽车充电基础设施，并采用政企合作的模式，利用顺意充的平台实现电动汽车服务。

（2）建设成效。电动汽车充放电监测是属于常规电动汽车充电桩建设的一项技术，是实现电池诊断、充电计费等电动汽车服务的基础。

（3）存在的问题。

1）对电动汽车欠普及的区域试点建设充电桩，容易造成充电桩长期荒废甚至腐蚀生锈等。如汕头的南澳岛和肇庆的端州，充电桩使用率过低。

2）监控仍无法完全取代人工运维和巡检的工作。

（4）经济性论述。电动汽车充电桩属于电动汽车发展的必要配套，目前已为框架物资。

2. 有序充电

（1）调研简介。有序充电是在电动汽车充放电监测的基础上，通过有序充电管控装置等控制装置，实现电动汽车充电策略的优化。广州供电局在越秀老城区智能电网示范区采用有序充电管控装置，试点实现了电动汽车有序充电。具体是通过采集配电变压器、充电桩的电压、电流、功率等数据，开发车网协同平台，综合考虑剩余电量（state of charge，SOC）、充电时长等因素，运行本地优化算法，控制充电功率，下发配电变压器的信息和调度指令至有序充电管控装置，使充电桩响应电网调峰服务，实现有序充电。

（2）建设成效。

1）削峰填谷，平抑电网波动。

2）引导配电变压器和充电桩的容量规划，提升配电变压器和充电桩的设备利用率及运行经济性。

（3）存在的问题。运行暂无明显问题。

（4）经济性论述。有序充电实际上是在常规的电动汽车充电桩上添加了相关的控制芯片以及运行策略，成本较低，当电动汽车保有量足够时，充分利用电动汽车进行有序充电，能有效降低峰谷差，运行效益较高。

3.1.3.2 多元融合技术

为推进社会智能化建设，加快构筑能源与互联网发展的新格局，各地市局结合国家发展的要求，在多元融合方面开展了试点工作，按照融合形式可以划分为"多表集抄"和"四网融合"技术。

1. 多表集抄

（1）调研简介。多表集抄是指在智能电能表集抄的基础上，进一步采集水与燃气的信息，实现"电水气"的统一计费管理。广州、佛山以及中山已试点建成多表集抄。

其中广州市人民政府会同广州供电局先行先试，开展"四网融合、多表集抄"试点工作。牵头在中新广州知识城建成南方电网首个"四网融合、多表集抄"智能小区示范项目，取得了良好示范效应，得到属地政府的支持。但由于数据对于每个行业都是比较敏感和重要的资源，供水方和燃气方都拒绝把数据上送到电网公司，各方数据实际上并未采集成功。

佛山供电局在佛山多个小区，合计共 1880 户实现区域用户电、水、气表数据的远程自动采集。但运行情况与广州类似，由于多表（电、水、气）分属不同的部门管辖，尽管建设过程中电网公司积极与水、气、热公司沟通，还互相签署了合作协议，但打破行业壁垒绝非易事，非常需要政策层面的突破。

中山供电局在中山某小区推进多表合一建设，对小区用户实现"电、水、气"一体化采集，并将数据上传至省级计量自动化系统，对试点区域采集的"电、水、气、热"数据进行统计、分析。

（2）建设成效。能非常有效地提高社会效益，电网公司为平台建设方，经与相关系统合作，达到水表、气表的集采，这在一定程度上缩减了基础设施的重复建设，降低成本，同时为居民提供便利。

（3）存在的问题。从技术层面上分析，技术实现是比较成熟的，但是从实际的建设角度来看，供电、供水、燃气三个部门间存在较大壁垒，单纯由供电部门牵头推动会比较被动。

（4）经济性论述。相较于仅建设电网信息集抄，多表集抄的建设投入大，无明确的成本回收途径，需要依赖于政府推动制定相关制度，目前无经济效益。

2. 四网融合

（1）调研简介。四网融合是指在现有的电信网、互联网和广播电视网的三网融合的基础上加入电网，推进"互联网＋能源"的建设，提高社会的智能化水平。

广州供电局在中新广州知识城智能电网示范区,利用"四网融合"技术,采用光纤复合低压电缆(OPLC)将通信线路融合在供电线路中,一次施工用一根线路承载"互联网、广播电视网、电信网和电网"的业务需求,避免重复开挖,完成光纤网建设项目和通信网同步建设项目,提高配电网通信覆盖率。

东莞供电局在东莞某公寓建设"四网融合"示范项目,提升电网光缆资源的利用率。为后续开展的智慧家居、智慧小区、智慧物业项目提供物理基础,探索能源价值整合及智慧能源生态。

中山供电局在中山乡村选取了2个"四网融合"试点区域,通过"四网融合"改造,彻底解决区域三线乱接问题,最优化利用宝贵的空间资源,降低建设成本和运行维护管理成本,同时可促进运营商在同等硬件条件下为用户提供更优质的通信服务,为后续实现智能电能表、水表、燃气表多表集抄提供硬件条件,也为配电网大数据采集提供了强大的通信能力支撑。

(2)建设成效。

1)四网融合能有效避免重复建设,试点阶段的投资收益效果不显著,若在合适区域大规模推广,预计可节约全社会约30%的综合成本。

2)为后续实现智能电能表、水表、燃气表多表集抄提供硬件条件,也为配电网大数据采集提供了强大的通信能力支撑。

(3)存在的问题。

1)技术成熟,但管理问题突出,涉及多方利益,建设涉及的各方配合意愿不高,存在运营商之间协调、投资界面不清晰等问题。

2)无明确的政策支撑技术建设和市场化模式,比如广州供电局原计划在项目建成后,政府出台政策,宣贯由供电局建成的通道提供给运营商使用时,需要进行收费,并配套基本的收费标准,形成基本的市场模式,但是各运营商的阻力很大,最后政府并没有出台相关政策,因此目前有给运营商的使用通道,但没有成本回收途径。

(4)经济性论述。相较于仅建设电网通信的通道,四网融合的建设投入大,无明确的成本回收途径,需要依赖于政府推动制定相关制度,目前无经济效益。

3.1.3.3 智能交互技术

为打造综合能源服务商,提高用户服务水平,部分地市局逐步开展与用户智能交互技术的试点探索。探索的方向主要为"需求侧响应"和"侵入式采集监测"两种。

1. 需求侧响应

（1）调研简介。由于市场机制尚不成熟，试点建设需求侧响应的地市并不多，以佛山为例，佛山选取海云轩酒店开展中美合作的需求侧响应项目，研究建立完善市场化需求响应机制，逐步形成需求响应的有效调节机制。

珠海在自主开发的智慧能源运营系统中开发需求响应子模块和智慧用能服务子模块，利用价格型需求侧响应机制试点推行用电服务。主要通过现金奖励、积分、折扣券等新型激励机制，由调度机构预测次日电力供需缺口，并通过网站、手机 APP 等方式发布，电力交易中心发布次日现货市场的价格曲线。并进一步通过智慧用能服务子模块为用户制定用电零售套餐，实现用户的能效管理和节能服务等个性化增值服务。

（2）建设成效。建立了管理机制，能起到改善用户的用电行为习惯和削峰填谷的作用。

（3）存在的问题。

1）依托政府政策推动。售电市场只支持大用户，中小用户还不允许上网竞价。珠海的 APP 具备支持中小用户上网竞价的功能，但因无政策支持，目前无应用。

2）实际运行时非常被动，只能给用户一个用电习惯更改的建议，无法强行要求用户按照规定改变用电习惯，所以资金投入后对电网有没有效益很难评估，没办法完全 100%约束用户。

（4）经济性论述。需求侧响应策略主要分为两种，分别为基于价格和基于激励。其中基于价格的需求侧响应策略分为分时电价、尖峰电价和实时电价。分时电价是国内较为常见的一种电价策略，是能够有效反映电网不同时段供电成本差别的电价机制，其措施主要是在高峰时段适当提高电价，在低谷时段适当降低电价，降低负荷峰谷差，改善用户用电，达到削峰填谷的作用。而基于激励就是根据用户响应的行为给予一定的奖励，而这个奖励就是需求侧响应策略的主要成本。

2. 负荷监测技术

（1）调研简介。负荷监测技术通常可分为侵入式负荷监测（intrusive load monitoring，ILM）与非侵入式负荷监测（non-Intrusive load monitoring，NILM）两种。电网以往采用的基本为非侵入式的信息采集手段，如配电变压器监测终端、智能电能表等。随着智慧用电理念和智能家电的发展，侵入式信息采集技术也逐步有了试点应用。佛山供电局选取佛山某小区试点开展智能家居建设，通过在样板房间安装智能插座（面板），实现客户设备用能实时监测与信息监控。利用客户信息服务 APP 或微信公众号进行信息推送和服务定制，实现客户互动。

（2）建设成效。主要成效体现在可以实现用户的用能数据分析。以佛山试点的情况来看，推广难度并不高，用户都希望可以分析对比出不同设备的耗能情况。

（3）存在的问题。有推广的价值，但无政策要求，同时没有完善的市场机制，推广的效益不高。

（4）经济性论述。需要在用户侧大范围建设测量装置，建设成本投入较大，且缺少成本回收的机制，经济效益较低。

3.2 新型配电网关键技术谱系

新型配电网是在坚强的电网网架的物理支撑下，满足信息可采、信号可传、设备可控的智能化基本要求，保证优质供电、故障自愈、高效用能等服务需求，实现配电网的安全、可靠、绿色、高效、智能。

结合实际调研情况和新型配电网的建设要求，按源、网、荷、储等多维度梳理新型配电网关键技术，形成技术谱系，其中，针对部分未经实际应用或应用范围过小、时间过短的技术，实际建设效果未知、无法判定实际应用效益的技术，比如高级量测同步相量测量装置技术（PMU），暂不考虑列入技术谱系。

根据新型配电网"信息可采、信号可传、设备可控"的基本要求，将谱系的技术划分为基础技术与提升技术两类。

（1）基础技术：作为建设新型配电网其他关键技术的基础，是使配电网达到信息可采、信号可传、设备可控的基本要求的技术。包括通信技术、计量自动化技术和自愈控制技术。此类技术为新型配电网的建设基础，在新型配电网推广建设时需保证此类技术的建设需求。

（2）提升技术：在基础技术的基础上，进一步提升配电网的智能化水平，在能源利用上实现清洁高效，在电能供应上完成可观可控可调，在用户交互上做到服务优质和供能可靠。

因此，在配置基础技术的基础上，可根据建设目标导向，选择合适的提升技术，组成新型配电网建设的总体技术方案。

根据上述技术分类原则，构建新型配电网的关键技术谱系如图 3-3 所示。

新型配电网典型场景规划与关键技术应用

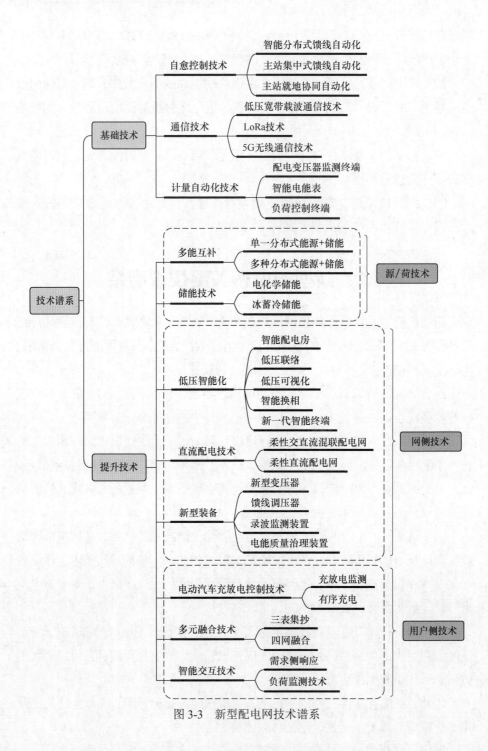

图 3-3 新型配电网技术谱系

66

资产管理、营销、地理信息、调度自动化等已由网/省公司统一部署建设，其余数字化平台，如能量管理系统、电动汽车充放电监测平台等的建设需与相关物理层技术配套建设。

3.3 本 章 小 结

本章介绍了广东电网公司各新型配电网示范区关键技术的调研情况，梳理关键技术的实际成效和存在问题，并根据各新型配电网示范区试点过的关键技术，构建新型配电网关键技术谱系，可为分析关键技术的推广价值提供依据，为后续分析差异化技术方案奠定基础。

4 新型配电网关键技术推广分析

结合配电网关键技术应用情况的调研，分析技术发展阶段，根据新型配电网典型场景的差异化建设目标，研究关键技术在不同目标倾向性下的推广价值。为精准差异化制定新型配电网规划技术方案提供技术分析基础。

4.1 关键技术推广评价指标

近几年随着"互联网＋智慧能源"等理念的提出，新型配电网技术逐步开展了试点或者小范围推广建设。了解相关技术的研究及应用情况，分析相关技术在电网应用的完善程度，对技术推广建设、新型配电网规划等均有重要的指导作用。对于一项成熟的、适合推广的新型配电网技术来说，往往有以下体现。

（1）技术成熟度高，适应电网建设要求。

1）技术配套成熟。技术相关设备的产业化水平高，具备大规模生产的能力；国产化程度高，核心技术能实现全国产化；现行标准齐全，有相关国标、行标和企标。

2）技术可靠性高。设备运行安全，没有或极少出现安全事故；运行可靠，故障发生概率低。

3）技术经济性好。节能降耗，提高环境效益；造价水平合理或较低；能量损耗低；使用寿命长。

（2）预期效益好，与电网建设目标相匹配。

1）应用效益显著。能有效提升电网运行指标，满足新型配电网安全、可靠、绿色、高效的建设要求。

2）试点应用情况成熟。与电网现有设备的适配程度高，技术相关设备接入电网时无须对电网进行改造；在电网有足够的建设工程或案例，有一定的运行经验；设备运维难度较低。

（3）与国家或地区发展方向相符。

1）政策支撑力度大。符合国家建设发展的方向，有地方性或行业性推广政策。

2）产权管理清晰。管理主体清晰，责任部门明确。

3）市场环境优越。运营模式成熟，有良好的成本回收方案。

根据以上特征，可以对新型配电网技术建立推广评价的多层级指标体系，如图 4-1 所示。

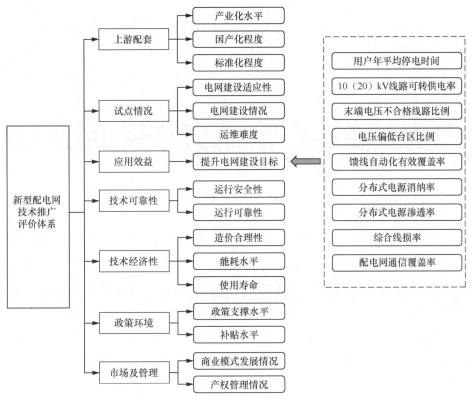

图 4-1　新型配电网关键技术推广评价体系

4.2　技术推广评价方法

4.2.1　评价方法主体思路

结合 4.1 节所述评价指标，本节所提出的技术推广评价方法，主要综合考虑各个指标的重要程度以及对技术推广的影响，采用层次分析-模糊综合评价的主客观综合评价方法，对新型配电网源、网、荷侧各项技术进行评分标定，量定各技术的建议推广等级。评价的目标类为 3 项，如图 4-2 所示。

技术推广价值等级

图 4-2　技术推广等级的评价目标类

结合 4.1 节所述，新型配电网中关键技术采用两层级评价指标体系，定义该指标体系为 $M\&N_{(m)}$，指的是评价指标共有两层，其中第一层共有 M 个评价指标，且对于第一层评价指标中的任一个评价指标 m（m=1，2，3，…，M），所含第二层级评价指标为 $N_{(m)}$ 个，并定义 $n_{(m)}$ 为第一层指标 m 中的第 n 个二层指标，有 $n_{(m)}$=1，2，3，…，$N_{(m)}$。

为对某项关键技术做具体评价，主要思路是自下而上、分层定档、归整汇集。具体思路如图 4-3 所示，主要步骤描述如下：

（1）采用层次分析法，计算第一层级 M 个评价指标的权重 $G(m)$，衡量每个指标在评价分析中的重要程度等级。

（2）对于第一层任一评价指标 m 的 $N_{(m)}$ 个第二层评价指标，继续采用层次分析法确定每个指标的权重 $G(n_{(m)})$。

（3）构建隶属度函数，计算获得第二层指标 $n_{(m)}$ 对于各档评价目标 z（z=萌芽期，起步期，高速成长期，成熟期）的隶属度 $p_2(n_{(m)}, z)$，结合步骤（1）获得的指标权重，采用模糊综合评价分析方法对 $N_{(m)}$ 个第二层评价指标进行评价，计算第一层评价指标 m 对于各档评价目标 z 的隶属度 $p_1(m, z)$。

（4）遍历每个第一层评价指标 m，重复步骤（2）和（3）。

（5）基于第一层级 M 个评价指标的权重 $G(m)$，以及指标 m 对于各档评价目标 z 的隶属度 $p_1(m, z)$，计算该关键技术对于评价目标 z 的隶属度 $p(z)$。

（6）根据技术在各阶段的 $p(z)$，计算该技术的综合评分，进而评价该关键技术推广的评价等级。

结合技术流程图可知，技术推广评价中含两个关键的评价方法，分别是层次分析法和模糊评价方法。

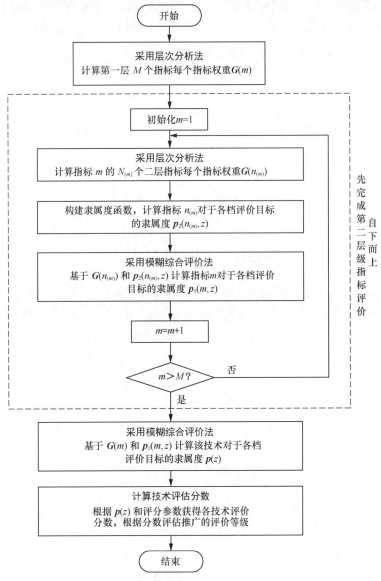

图 4-3 关键技术推广评价方法流程图

4.2.2 基于层次分析法的各层级指标权重分析

层次分析法（AHP）在评价方法的应用中主要是为了衡量多个评价指标之间的重要性程度，该方法通过定性和定量相结合，实现对各项指标权重的赋值。AHP 方法的核心在于判断矩阵的构建，判断矩阵将决策者的定性判断转化为衡量目标之间重要程度的计算值，是各指标权重计算的关键数据来源。

基于 AHP 计算第一层级 M 个评价指标的权重 $G(m)$ 的方法思路如图 4-4 所示，各环节的具体计算流程见第 2 章 2.3.1 节。而类似的，各二层级指标的权重 $G(n_{(m)})$ 也可按照相同的方法进行计算，此处不再赘述。

图 4-4　层次分析法计算权重流程图

4.2.3　基于模糊综合评价的技术推广评判

结合图 4-4 所示的流程图，对某一层级指标进行模糊综合评价时，其输入量包括该层级指标的权重向量（权重向量可通过 4.2.2 节所述的 AHP 计算方法获得）以及该层级指标对于各档评价目标 z 的隶属度，而输出量仍为隶属度值，为上一层指标对各档评价目标 z 的隶属度。因此，只需确定最底层指标对于各档评价目标 z 的隶属度，结合权重取值，循环层层计算，即可获得最高层指标对于各档评价目标 z 的隶属度，并进一步计算出技术推广的综合评分，最后根据综合评分进行技术推广评判。

1. 隶属度函数构建

考虑 4.1 节提出的目标体系，最底层指标为第二层指标 $n_{(m)}$，其对于各档评价目标 z 的隶属度值 $p_2(n_{(m)}, z)$，可结合主客观规律对指标进行评分，并将评分值 U 代入构建的隶属度函数中，求得各隶属度值。

具体的，对于某个评价指标，设定评分目标总分为 20 分，指标评分值 U 越高则表示仅关注该指标时对应的技术越值得推荐，为避免专家评分的过分主观性，对各项技术设定不同的客观评分标准，将总分划分为四个不同的档次，各档次的评分参考范围分别为 [0，5）、[5，10）、[10，15）、[15，20]。具体评分档次的详细情况见表 4-1。

表 4-1　　评价指标的评分档次划分

一级指标	二级指标	发展过程描述
上游配套	产业化水平	理论阶段→已生产测试样机→设备或软件推广生产→具备大规模生产条件
	国产化程度	技术依赖国外→部分核心技术国产化→核心技术全国产化→完全自主生产
	标准化程度	欠缺技术标准→有标准但未完善→有完善的标准体系→电网已有指导原则
试点情况	电网建设适应性	需对现有架构大范围改造→需对部分设备改造→加装少量设备→可直接应用
	电网建设情况	未试点建设→开展试点建设→进入推广建设→实现全面建设
	运维难度	运维困难，需要实时监控→人工定期巡检→人工简单运维→无须人工运维
应用效益	提升电网建设目标	恶化电网建设目标→不提升电网建设目标→少量改善电网建设目标→有效提升电网建设目标
技术可靠性	运行安全情况	发生事故概率高→发生事故概率较高→曾发生过安全事故→无安全事故隐患
	运行可靠情况	故障或误动频繁→偶尔故障或误动→较少故障或误动→极少故障或误动
技术经济性	造价合理性	造价昂贵→造价较贵→造价适中→造价低廉
	能耗水平	能量损耗严重→能量损耗较严重→能量损耗较低→基本无能量损耗
	使用寿命（年）	使用寿命 5 年内→使用寿命 5～10 年→使用寿命 10～20 年→使用寿命 20 年以上
政策环境	政策支撑水平	无推广政策→电网有推广政策→地方性政府有推广政策→国家有推广政策
	补贴水平	无补贴政策→补贴力度较小→补贴力度较大→补贴力度大
市场及管理	商业模式发展情况	无商业模式→商业模式探索中→商业模式试点应用→商业模式成熟或无须商业模式
	产权管理情况	产权管理不清晰→管理部门清晰但暂无人运维→管理部门清晰，运维依赖厂家→管理部门清晰，可自主运维

考虑到评价目标 z（z=萌芽期，起步期，高速成长期，成熟区）共为 4 个档次，可以按照总分 20 平均划分为四个区间，考虑到位于区间边界的分数在划定其所属评价目标时具有模糊性，构建梯形隶属度函数如下。

（1）评价指标对于"萌芽期"的隶属度函数 Q_1：

$$Q_1(U)=\begin{cases} 1 & U\leqslant 2 \\ \dfrac{6-U}{6-2} & 2<U<6 \\ 0 & U\geqslant 6 \end{cases} \qquad (4\text{-}1)$$

（2）评价指标对于"起步期"的隶属度函数 Q_2：

$$Q_2(U) = \begin{cases} \dfrac{U-2}{6-2} & 2 \leqslant U < 6 \\ 1 & 6 \leqslant U < 8 \\ \dfrac{12-U}{12-8} & 8 \leqslant U < 12 \\ 0 & U < 2 \text{ or } U \geqslant 12 \end{cases} \qquad (4\text{-}2)$$

（3）评价指标对于"高速成长期"的隶属度函数 Q_3：

$$Q_3(U) = \begin{cases} \dfrac{U-8}{12-8} & 8 \leqslant U < 12 \\ 1 & 12 \leqslant U < 14 \\ \dfrac{18-U}{18-14} & 14 \leqslant U < 18 \\ 0 & U < 8 \text{ or } U \geqslant 18 \end{cases} \qquad (4\text{-}3)$$

（4）评价指标对于"成熟期"的隶属度函数 Q_4：

$$Q_4(U) = \begin{cases} 0 & U \leqslant 14 \\ \dfrac{U-14}{18-14} & 14 < U < 18 \\ 1 & U \geqslant 18 \end{cases} \qquad (4\text{-}4)$$

隶属度示意图如图 4-5 所示。

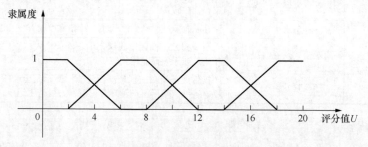

图 4-5　隶属度示意图

综上，基于式（4-1）～式（4-4），对于任一指标 $n_{(m)}$，可通过其评估分数计算出评价指标对评价目标的隶属度 $\boldsymbol{p}_2(n_{(m)}, z)$。

2. 模糊合成

模糊合成的目的是结合评价指标的权重值以及其对评价目标的隶属度，进行合成运算，最终形成对上一层指标的评判。

具体的，对于任一第一层指标 m，已知 $\boldsymbol{p}_2(n_{(m)}, z)$ 和 $\boldsymbol{G}(n_{(m)})$，其中 $\boldsymbol{p}_2(n_{(m)}, z)$ 为 $N_{(m)} \times 4$ 的矩阵，$\boldsymbol{G}(n_{(m)})$ 为 $1 \times N_{(m)}$ 的行向量。采用模糊矩阵运算，即有

$$\boldsymbol{p}_1(m, z) = \boldsymbol{G}(n_{(m)}) * \boldsymbol{p}_2(n_{(m)}, z) \tag{4-5}$$

式中：*为模糊算子，一般采用加权平均型算子。并且对于任一第一层指标 m，$\boldsymbol{p}_1(m, z)$ 为 1×4 的行向量，表示进行模糊合成后，获得指标 m 对于各评价目标的隶属度函数。结合图 4-3 的评价流程，对第一层指标进行遍历后再次进行模糊合成，得到该项技术在各发展阶段的隶属度 $\boldsymbol{p}(z)$，$\boldsymbol{p}(z)$ 为 1×4 的行向量。

3. 综合评分

综合考虑某项技术在各发展阶段的隶属度情况，计算该技术的综合评分，并据此得到技术推广评价结果。

具体的，对于任一技术，已知其在各发展阶段的隶属度 $\boldsymbol{p}(z)$，则综合评分 F 为

$$F = \boldsymbol{p}(z) \cdot \boldsymbol{f} \tag{4-6}$$

式中：$\boldsymbol{f}$ 是评分参数矩阵，为 4×1 的列向量。用总分 100 分对技术推广评价档次进行划分，即评分 [0，50) 处于示范探索，评分 [50，75) 处于适当推广，评分 [75，100] 处于建议推广，则 $\boldsymbol{f}$ = [0，33.33，66.67，100]。

4.3 案 例 分 析

4.3.1 指标权重分析

应用层次分析法，首先对新型配电网关键技术的评价指标进行重要性排序。第一级指标共 7 项，第二级指标共 16 项。不同类型的技术因应用场景、建设目的不同，因此在评价时，第一级指标的重要性不同。如源储技术、网侧技术等，由电网投资建设，重点为了解决系统供电可靠性问题、提高能源利用效率等，因此技术可靠性、试点建设、应用效益等指标的重要度较优先。而荷侧技术由电网与用户或其他角色共同投资或合作建设，目的是在满足电网安全可靠标准的情况下，能有效提高社会效益，因此需要良好的政策环境和市场环境。各类技术的一级指标重要性排序如表 4-2 和表 4-3 所示。

表 4-2 源储技术和网侧技术一级指标重要性排序

			指标重要性从高至低排序情况			
指标名称	技术可靠性	应用效益	试点情况	上游配套	技术经济性	政策环境	市场及管理

表 4-3 荷侧技术一级指标重要性排序

			指标重要性从高至低排序情况			
指标名称	技术可靠性	政策环境	市场及管理	应用效益	试点情况	上游配套	技术经济性

进一步对二级指标重要性进行排序，结果如表 4-4 所示。

表 4-4 二级指标重要性排序

所属一级指标名称	二级指标重要性从高至低排序情况		
技术可靠性	产业化水平	标准化程度	国产化水平
试点情况	电网建设适应性	电网建设情况	运维难度
预期效益	提升电网建设目标	—	—
上游配套	运行安全情况	运行可靠情况	—
技术经济性	建设成本对比	能耗水平	使用寿命
政策环境	政策支撑水平	补贴水平	—
市场环境	产权管理情况	商业模式发展情况	—

根据指标排序情况，通过式（2-2）计算各指标权值，构建指标权重表，如表 4-5～表 4-7 所示。

表 4-5 源储技术和网侧技术一级指标权值

指标名称	技术可靠性	试点情况	预期效益	上游配套	技术经济性	政策环境	市场及管理
指标取值	0.352	0.241	0.160	0.104	0.068	0.045	0.031

表 4-6 荷侧技术一级指标权值

指标名称	技术可靠性	政策环境	市场及管理	试点情况	预期效益	上游配套	技术经济性
指标取值	0.352	0.241	0.160	0.104	0.068	0.045	0.031

表 4-7 二 级 指 标 权 值

	指标名称	产业化水平	标准化程度	—
技术可靠性	指标权值	0.667	0.333	—
试点情况	指标名称	电网建设适应性	电网建设情况	运维难度
	指标权值	0.540	0.297	0.163
预期效益	指标名称	提升电网建设目标	—	—
	指标权值	1	—	—
上游配套	指标名称	产业化水平	标准化程度	国产化水平
	指标权值	0.540	0.297	0.163

技术经济性	指标名称	建设成本对比	能耗水平	使用寿命
	指标权值	0.540	0.297	0.163
政策环境	指标名称	政策支撑水平	补贴水平	—
	指标权值	0.667	0.333	—
市场环境	指标名称	产权管理情况	商业模式发展情况	—
	指标权值	0.667	0.333	—

4.3.2　关键技术评价指标分析

根据图 4-1 所示，关键技术的评价指标由 16 项指标构成，因此，对技术推广评价时，需对每项评价指标进行档次划分，具体的，以电化学储能技术为例，结合现场调研结果，对推广评价指标进行档次划分，如表 4-8 所示。

表 4-8　　　　　电化学储能技术推广评价指标档次划分表

一级指标	二级指标	所在档次	一级指标	二级指标	所在档次
技术可靠性	运行安全情况	曾发生过安全事故	技术经济性	造价合理性	造价较贵
	运行可靠情况	极少故障或误动		能耗水平	能量损耗较严重
				使用寿命	使用寿命 10~20 年
试点情况	电网建设适应性	可直接应用	政策环境	政策支撑水平	国家有推广政策
	电网建设情况	试点建设		补贴水平	无补贴政策
	运维难度	定期巡检			
预期效益	建设目标提升情况	有效改善			
上游配套	产业化水平	商业化生产成熟	市场环境	商业模式发展情况	商业模式探索中
	国产化程度	完全自主生产		产权管理情况	管理部门清晰，运维依赖厂家
	标准化程度	有标准但未完善			

由表 4-8 可以看出，电化学储能技术的运行相对可靠和安全，电网建设适应性强，国产化和产业化水平较高，但存在曾发生过安全事故、造价较高等缺点。

图 4-6～图 4-12 给出了现场调研时，各关键技术推广评价指标相应的评分情况，可进一步分析各关键技术在各评价维度之间的区别。

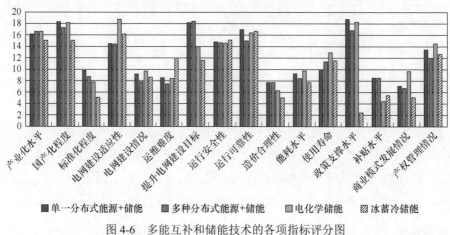

图 4-6　多能互补和储能技术的各项指标评分图

结合调研结果分析，多能互补和储能技术方面，在国家一系列政策的支持下，分布式能源以及电化学储能技术发展迅速，两项技术均是实现"双碳"目标的重要支撑技术，技术的发展与成熟对于加快构建以新能源为主的电力系统具有重要意义，其在试点应用情况、预期应用效益、政策支撑等方面占有优势，但造价较高，运维难度也较大，特别是储能技术，造价仍处于较高的水平，其运维依赖厂家技术，电网运维人员缺乏相关技术支撑。

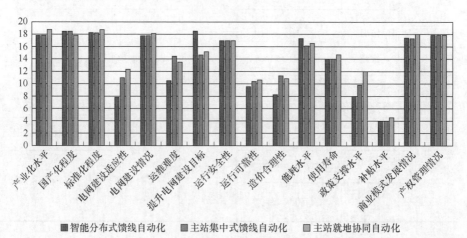

图 4-7　自愈控制技术的各项指标评分图

结合调研结果分析，自愈控制技术方面，主要作用在提升配电网的运行可靠性，在产业化水平、国产化程度和标准化程度等方面评分较高，体现为技术成熟度较高，实际上技术在电网中的应用也已趋于成熟，有明确的建设指引。对比三种自愈控制技术，虽然智能分布式技术的可靠性提升效果最好，但技术建设以及运维难度较大，技术的建设必须搭配有效而又可靠的光纤通信网络，对配电网通信的依赖性高，其电网建设适应性较差，相对而言，主站集中式控制和主站就地协同馈线的电网建设适应性较好，根据《广东电网公司"十四五"中低压智能配电网（二次部分）规划建设目标及原则》（简称二次导则），广东电网公司配电网故障自愈采用主站就地协同型为主。

结合调研结果分析，通信技术主要为配电网提供基础信息支撑，技术的安全可靠性、国产化程度、标准化程度较高，通信技术在电网中的应用也已有明确的建设指引。对比各种通信技术，5G 技术作为近年发展较为热门的通信技术之一，技术的政策支撑力度较大，但其在电网的试点应用仍较少；光纤是最为稳定的通信技术，二次导则中提到中压侧通信方面以建设光纤通信为主，低压侧通信方面，低压配电网业务主要采用新一代载波通信接入，具备光纤接入条件的优选光纤接入，但建设光纤造价高昂，建设需要配套新建或利用原有走廊通道，山区和农村建设光纤也因通道问题常受到阻碍。

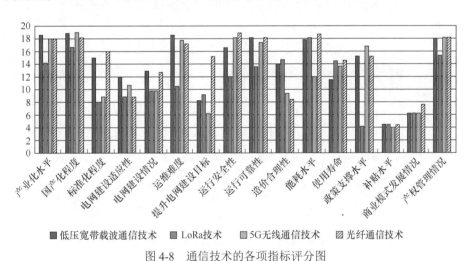

图 4-8　通信技术的各项指标评分图

结合调研结果分析，低压智能化技术的各维度成熟度参差不齐，对于智能配电房技术，南方电网已制定《南方电网标准设计与典型造价 V3.0（智能配电）》

明确指引各地区建设的技术路线，但部分设备存在造价较高、寿命较短、精度不足等问题，暂时无法完全取代人工运维；对于低压联络技术，虽然可以大幅度提升供电的可靠性，但联络需要两台区之间距离相近，这对于山区及农村场景来说，应用条件较为苛刻，电网建设适应性差，仅有广州地区在推广建设；对于低压可视化技术，技术可有效提升供电可靠性，但仅有部分地市局在试点，暂时无统一的建设标准，其标准化程度评价较差；对于智能换相及新一代智能终端两项技术各环节评分类似，虽然技术本身成熟度较高，但试点应用面有限，且缺乏建设标准。

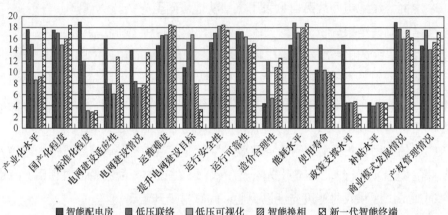

图 4-9　低压智能化技术的各项指标评分图

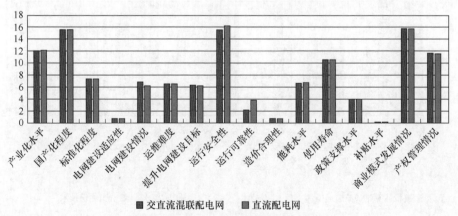

图 4-10　直流配电技术的各项指标评分图

结合调研结果分析，直流配电技术的应用场景广泛，已在部分地市局开展试点，市场环境成熟度评价相对较好，但由于应用较少，涉及设备多处于定制化研发阶段，技术建设成本较高、技术经济性较差、造价高昂是其推广应用的一大阻碍。

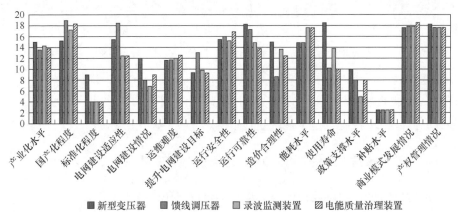

图 4-11 新型装备技术的各项指标评分图

结合调研结果分析，各项新型装备在产业化水平及国产化程度方面得到的评价均较高，但建设标准仍是新型设备的短板，除了新型变压器之外，其余新型设备在电网的建设应用上均暂无明确的建设标准。考虑到广东电网公司"十三五"智能电网规划报告中提到应用新装备，推进配电网智能化升级，各项新型设备均得到推进发展，特别的，对于录波监测装置，由于受网络安全问题的影响，数据无法上送到厂家的云平台，无法实施自主运维，其应用推广也受到阻碍。

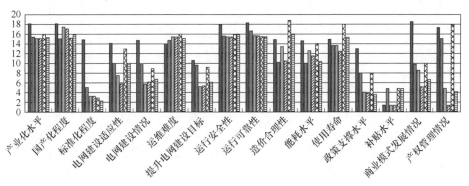

图 4-12 荷侧技术的各项指标评分图

结合调研结果分析，荷侧技术在产业化水平、国产化程度和标准化程度等方面评分较高，体现为技术成熟度较高，但其推广应用受政策方面的影响非常大。对于充放电监测技术，其政策推广力度最优，各地区均已经开展建设，其推广价值会随着电动汽车的保有量提升而提升；对于多表集抄及四网融合，其应用受到行业壁垒阻碍，急需政策层面的突破；对于需求侧响应，各地均具有相对应的支撑政策，但响应的资金来源一直不稳定；对于负荷监测技术，也同样存在政策支撑问题，由于技术的使用需要与用户沟通，但无明确的政策要求，缺乏完善的市场机制，技术推进受到阻碍。

4.3.3 考虑目标倾向性分析的关键技术推广评价

考虑到新型配电网建设的差异化目标导向，在对技术推广分析中，对于技术在某一建设目标的推广综合评分亦应有所侧重。具体的，将表 2-2 所提的建设目标作为推广指标中预期效益的二层指标，并单独考虑某项关键技术对其中一项指标的推荐评分情况，可分析出各项技术评价指标与技术发展阶段的模糊关系矩阵。以电化学储能为例，形成的模糊关系矩阵如表 4-9 所示。表中"—"符号表示电化学储能技术对于某个目标提升是无影响的，比如，电化学储能技术对 10（20）kV 线路可转供电率目标无影响。

表 4-9　　电化学储能推广评价指标与发展阶段的模糊关系表

推广指标名称		萌芽期	起步期	高速成长期	成熟期
技术可靠性	运行安全情况	0	0	0.825	0.175
	运行可靠情况	0	0	0.375	0.625
试点情况	电网建设适应性	0	0	0	1
	电网建设情况	0	0.725	0.275	0
	运维难度	0	0	0.875	0.125
预期效益	用户年平均停电时间（h/户）	0	0	0.75	0.25
	10（20）kV 线路可转供电率（%）	—	—	—	—
	末端电压不合格线路比例（%）	—	—	—	—
	电压偏低台区比例（%）（小于 198V）	—	—	—	—
	配电网自愈覆盖率（%）	—	—	—	—
	分布式电源消纳率（%）	0	0	0.75	0.25
	分布式电源渗透率（%）	—	—	—	—
	综合线损率（%）	—	—	—	—
	配电网通信覆盖率（%）	—	—	—	—

	推广指标名称	萌芽期	起步期	高速成长期	成熟期
上游配套	产业化水平	0	0	0.3	0.7
	国产化程度	0	0	0	1
	标准化程度	0	0.7	0.3	0
技术经济性	造价合理性	0	0.75	0.25	0
	能耗水平	0	0.55	0.45	0
	使用寿命	0	0.275	0.725	0
政策环境	政策支撑水平	0	0	0.45	0.55
	补贴水平	0.375	0.625	0	0
市场环境	商业模式发展情况	0	1	0	0
	产权管理情况	0	0.05	0.95	0

根据表 4-5 ~ 表 4-7 的指标权值以及表 4-9 的模糊关系矩阵，可以得到电化学储能技术考虑建设目标倾向性的推广评价结果，如表 4-10 所示。

表 4-10　　电化学储能推广评价指标与发展阶段的模糊关系表

关键技术名称	建设目标倾向	综合评分（分）	隶属度情况			
			萌芽期	起步期	高速成长期	成熟期
电化学储能	用户年平均停电时间（h/户）	76.61	0.00	0.08	0.39	0.52
	分布式电源消纳率（%）	76.61	0.00	0.08	0.39	0.52

由表 4-10 所示，电化学储能对用户年平均停电时间以及分布式电源消纳率均有提升作用，根据上述分析目标倾向性的关键技术评价情况，提取技术在各建设目标领域的最高评分作为推广建议评价的最终得分，因此电化学储能的最终评价得分为 76.61 分。

进一步可以得到新型配电网各项关键技术考虑建设目标倾向性的推广评价结果，如表 4-11 所示。

表 4-11　　各项关键技术考虑建设目标倾向性的推广评价结果

关键技术名称	建设模式	影响的建设目标	综合评分（分）	隶属度情况			
				萌芽期	起步期	高速成长期	成熟期
多能互补	单一分布式能源+储能	用户年平均停电时间（h/户）	72.30	0.00	0.13	0.57	0.30
		分布式电源消纳率（%）	54.21	0.24	0.13	0.39	0.24
		分布式电源渗透率（%）	78.33	0.00	0.13	0.39	0.48

续表

关键技术名称	建设模式	影响的建设目标	综合评分（分）	隶属度情况			
				萌芽期	起步期	高速成长期	成熟期
多能互补	多种分布式能源+储能	用户年平均停电时间（h/户）	69.45	0.00	0.14	0.63	0.23
		分布式电源消纳率（%）	51.36	0.24	0.14	0.45	0.17
		分布式电源渗透率（%）	75.48	0.00	0.14	0.45	0.41
储能技术	电化学储能	用户年平均停电时间（h/户）	76.61	0.00	0.08	0.39	0.52
		分布式电源消纳率（%）	76.61	0.00	0.08	0.39	0.52
	冰蓄冷储能	用户年平均停电时间（h/户）	68.68	0.05	0.13	0.54	0.28
		分布式电源消纳率（%）	62.65	0.05	0.25	0.48	0.22
自愈控制技术	智能分布式馈线自动化	用户年平均停电时间（h/户）	75.81	0.01	0.20	0.30	0.49
		10（20）kV 线路可转供电率（%）	75.81	0.01	0.20	0.30	0.49
		配网自愈覆盖率（%）	75.81	0.01	0.20	0.30	0.49
	主站集中式馈线自动化	用户年平均停电时间（h/户）	84.16	0.01	0.08	0.28	0.63
		10（20）kV 线路可转供电率（%）	84.16	0.01	0.08	0.28	0.63
		配网自愈覆盖率（%）	84.16	0.01	0.08	0.28	0.63
	主站就地协同自动化	用户年平均停电时间（h/户）	89.75	0.00	0.02	0.25	0.73
		10（20）kV 线路可转供电率（%）	89.75	0.00	0.02	0.25	0.73
		配网自愈覆盖率（%）	89.75	0.00	0.02	0.25	0.73
通信技术	低压宽带载波通信技术	配电网通信覆盖率（%）	86.21	0.03	0.02	0.30	0.66
	LoRa 技术	配电网通信覆盖率（%）	43.99	0.24	0.39	0.21	0.17
	5G 无线通信技术	配电网通信覆盖率（%）	86.26	0.01	0.12	0.19	0.41

　　根据上述分析目标倾向性的关键技术评价情况，提取各项技术在各建设目标领域的最高评分作为推广建议评价的最终得分，得出关键技术推广价值评价表，如表4-12所示。

表4-12　　　　　　　　　新型配电网关键技术推广价值评价表

技术分类	关键技术名称	建设模式	综合评分（分）
源储技术	多能互补	单一分布式能源＋储能	78.33
		多种分布式能源＋储能	75.48
	储能技术	电化学储能	76.61
		冰蓄冷储能	68.68
网侧技术	自愈控制技术	智能分布式馈线自动化	75.81
		主站集中式馈线自动化	84.16
		主站就地协同自动化	89.75
	通信技术	新一代低压宽带载波通信技术	86.21
		LoRa 技术	43.99
		5G 无线通信技术	86.26
		光纤通信技术	88.21
	低压智能化技术	智能配电房	75.18
		低压联络	83.03
		低压可视化	69.17
		智能换相	74.11
		新一代智能终端	71.52
	直流配电技术	交直流混联配电网	46.79
		直流配电网	49.49
	新型装备技术	新型变压器	80.22
		馈线调压器	81.38
		录波监测装置	75.95
		电能质量治理装置	77.33
荷侧技术	电动汽车充放电控制技术	充放电监测	—
		有序充电	57.47
	多元融合技术	多表集抄	—
		四网融合	—
	智能交互技术	需求侧响应	60.12
		负荷监测技术	—

4.3.4　关键技术评价结果总结

　　上文采用理论结合实际的研究方法，即首先对各技术现有研究情况通过查阅相关资料进行初步调研，对关键技术的技术特点、应用现状、技术背景等进行详细的分析，然后与具有应用经验、管理经验的各示范区相关负责人进行交流，了解各关键技术实际建设、运维、应用、发展中的有益经验与现实困难，最后构建新型配电网关键技术应用推广评价体系，评估各关键技术的推广价值。下文将对各关键技术进行总结，并把各关键技术的应用建议分为建议推广、适当推广、示范探索三个档次，为广东电网公司各地市和典型区县建设新型配电网提供指导。应当注意的是，评价结果时效性仅代表当前阶段，考虑到新型配电网新技术发展迅速，建议推广评价一年滚动一次。

1. 建议推广

指新型配电网关键技术的各项指标均较高，存在相关电网建设目标需求，且具备技术应用条件时，适合在电网推广建设。因此选择综合评分为[75，100]的技术作为建议推广类技术。

2. 适当推广

指新型配电网关键技术有一定的建设目标提升能力，但是仍在某些方面有提升的空间，该类技术可根据实际情况或特殊需求推广建设或者增大示范建设。在建设需求可利用"建议推广"的技术实现时，应优先选择"建议推广"的技术。因此选择综合评分为[50，75）的技术作为适当推广类技术。

3. 示范探索

指新型配电网关键技术与现存电网设备的契合度较低，应用较少，建设成本较高，当前阶段不适宜推广，可通过试点示范应用，探索建设效益的价值。因此选择综合评分为[0，50）的技术作为示范探索类技术，如上述分析的直流相关技术。

另外，根据调研情况总结，针对以下四种类型的关键技术亦考虑示范探索。

（1）针对各示范区部分未经实际应用或应用范围过小、时间过短的技术，实际建设效果未知、无法判定实际应用效益的技术，暂不考虑推广应用，如V2G技术、电压暂降监测和治理装置。

（2）针对投资效益价值低、甚至无法从运行过程中获得效益的技术，暂不考虑推广应用，如多表集抄和四网融合技术。

（3）针对缺乏政策推广和支撑的技术，暂不考虑推广应用，如负荷监测技术。

（4）针对技术投资造价颇高、技术支撑构建新型电力系统、符合新型配电网未来发展方向的技术，暂不考虑大规模推广应用，但建议示范应用，试点建设探索应用效益，如直流配电技术。

由此梳理关键技术现阶段的应用价值表如表 4-13 所示。

表 4-13　　　　　新型配电网关键技术推广价值总结表

关键技术	地市局反馈的推广情况	应用建议结论	备注
单一分布式能源+储能	全网推广	建议推广	——
多种分布式能源+储能	全网推广	建议推广	——
电化学储能	全网推广	建议推广	——
冰蓄冷储能	全网推广	适当推广	在技术经济性、上游配套和试点应用方面有待完善
智能分布式馈线自动化	因地制宜推广	建议推广	——
主站集中式馈线自动化	因地制宜推广	建议推广	——
主站就地协同自动化	因地制宜推广	建议推广	——
新一代低压宽带载波通信技术	因地制宜推广	建议推广	——
LoRa 技术	示范应用	示范探索	政策环境需要完善
5G 无线通信技术	因地制宜推广	建议推广	——
智能配电房	因地制宜推广	建议推广	——
低压联络	因地制宜推广	建议推广	——
低压可视化	因地制宜推广	适当推广	在技术经济性、上游配套和试点应用方面有待完善
智能换相	因地制宜推广	适当推广	在上游配套和试点应用方面有待完善
新一代智能终端	因地制宜推广	适当推广	在试点应用方面有待完善
交直流混联配电网	示范应用	示范探索	基建改造量大，待设备可靠性和经济性提高后，再重新评估是否推广
直流配电网	示范应用	示范探索	基建改造量大，待设备可靠性和经济性提高后，再重新评估是否推广
有载调压变压器	因地制宜推广	建议推广	——
高过载能力配电变压器	因地制宜推广	建议推广	——
馈线调压器	因地制宜推广	建议推广	——
录波监测装置	示范应用	适当推广	在政策环境和试点应用方面有待完善
电能质量治理装置	因地制宜推广	建议推广	——
充放电监测	全网推广	适当推广	属于电动汽车基本配套，需要配合电动汽车的推广而同步推广建设

关键技术	地市局反馈的 推广情况	应用建议 结论	备注
有序充电	因地制宜推广	适当推广	在政策、市场环境和试点应用方面有待完善
多表集抄	需研究完善技术路线	示范探索	待政策支撑力度变大、数据共享等问题解决时，再重新评估是否推广
四网融合	需研究完善技术路线	示范探索	待政策支撑力度变大、市场环境改善时，再重新评估是否推广
需求侧响应	示范应用	适当推广	在政策环境方面有待完善
负荷监测技术	需研究完善技术路线	示范探索	待政策支撑力度变大，提升效果明显改善时再重新评估是否推广

注 1. 表中提到的关键技术包括广东电网公司各智能电网示范区试点建设的关键技术。
2. 表中的评价结果时效性仅为 2021 年，考虑新型配电网新技术发展迅速，建议推广评价一年滚动一次。

进一步分析表 4-13 新型配电网关键技术推广价值评价表，对比理论分析的关键技术推广价值和地市局调研推荐建议，调研的技术推荐情况属于"全网推广"或"因地制宜推广"的技术均为综合评分较高的技术，对应理论分析结果的"建议推广"和"适当推广"，均是具备推广条件的关键技术。而对于理论分析结果处于"示范探索"等级的技术，对应的调研推荐情况为"示范应用"或"需研究完善技术路线"，暂不具备推广条件。以上分析表明，本书提出的关键技术推广评价方法具有正确性和有效性，因此在选取后续章节分析的新型配电网总体技术方案的技术时，应从推广应用价值为"建议推广"或"适当推广"的技术中进行选取。

4.4 本 章 小 结

本章首先结合新型配电网关键技术的应用情况、政策情况、市场情况等多种发展因素，构建了关键技术推广评价指标体系。接着，以广东电网公司试点项目的调研情况为基础，通过 AHP＋模糊综合评价的方法，分析广东试点开展的新型配电网关键技术的推广评价情况。最后，开展技术推广评价结果和地市局调研推荐建议的对比分析，验证分析方法的有效性，为后续形成新型配电网规划技术方案打下基础。主要结论如下：

（1）结合调研和分析结果，将各关键技术的应用建议分为建议推广、适当推广、示范探索三个档次。其中建议推广指在存在相关电网建设目标需求时，适合在电网各应用场景推广建设。包括电化学储能、单一分布式能源＋储能、多种分布式能源＋储能、智能配电房、低压联络、新型变压器、馈线调压器、电能质量治理装置等。

（2）适当推广是指该项技术有一定的建设目标提升能力，但是仍在某些方面有提升的空间，该类技术可在电网部分需求场景适宜推广建设或者增大示范建设，在目标需求或建设目的可被处于成熟期的技术取代时，应优先选择成熟期的技术。包括冰蓄冷储能、低压可视化、智能换相、新一代智能终端、有序充电和需求侧响应等技术。

（3）示范探索代表该项技术与现存电网设备的契合度较低，应用较少，建设需要耗费较高的成本，当前阶段不适宜推广，但是具备示范应用探索建设效益的价值。包括交直流混联配电网、直流配电网等技术。

（4）针对各示范区部分未经实际应用或应用范围过小、时间过短、实际建设效果未知、无法判定实际应用效益的技术，或投资效益价值低、甚至无法从运行过程中获得效益的技术，又或缺乏政策推广和支撑的技术等，也考虑示范探索。包括 V2G 技术、多表集抄技术、四网融合技术和负荷监测等技术。

（5）本章提出的基于 AHP-模糊评价分析理论，建立了新型配电网关键技术推广价值评价模型，并采用薄弱环节分析各技术的趋势走向，可对技术的应用推广提供借鉴参考。基于模型的评价结果，对于处于"推广建设期"的技术，应该鼓励先进，例如电网公司因地制宜推广；对于未成熟的技术，尚不具备规模化推广的条件，此类技术应鼓励后进，企业应重点关注薄弱项的解决措施，并结合企业自身实际推动薄弱项的改进。

5 新型配电网典型场景下差异化规划技术方案研究

5.1 差异化规划技术方案总体思路

5.1.1 基本原则

结合技术谱系的梳理结果，新型配电网关键技术可分为基础技术和提升技术，根据提升目标的类型不同，采用不同的技术配置原则，具体如下：

（1）基础技术是建设新型配电网的基础，在电网已广泛应用，同时在配电网规划建设中已有较成熟的指导原则，因此后续配置方案仅针对在电网试点建设或者初步兴起的提升技术进行选配。

（2）若某项技术处于萌芽期或起步期，未能达到推广应用的程度，则该技术在后续配置方案不予考虑。

（3）亟待改善和需要改善类目标的现状值与目标值相差较大，即使存在基础技术可以改善提升，仍需配置提升技术达到目标提升效果。

（4）基本满足类目标优先考虑基础技术能否改善，若基础技术无法提升目标现状值，则考虑选配提升技术。

基于以上基本配置原则，开展对提升技术进行选配的差异化配置方案研究。

5.1.2 总体思路

新型配电网技术方案指的是，对于某特定场景的新型配电网，结合新型配电网的建设目标导向，综合考虑技术的应用推广程度以及技术的场景适应性，形成新型配电网建设所需配置的一种或多种技术组合方案。为适应不同地区经济发展情况的差异，所形成的技术组合方案中依据不同供电分区配置不同的技术组合方案。

具体步骤如图 5-1 所示。

（1）差异化目标集构建：基于建设目标导向的差异化划分，形成不同场景下的目标重要度划分表。

（2）目标-配置技术综合评分矩阵构建：基于考虑目标倾向性的技术应用推广程度，构建目标集-技术配置综合评分预矩阵；结合场景特点，以技术场景适应性对目标集-技术配置综合评分预矩阵进行修正，形成目标-配置技术综合评分矩阵。

（3）技术方案优选模型构建：以技术方案综合评分最高和方案的技术种类最少为优化目标，形成技术应用数量-技术方案综合评分的双目标优化解集。

（4）不同配置水平技术方案选取：根据双目标优化解集和优选原则，并综合考虑不同配置水平的目标集，形成建设场景的差异化配置方案。

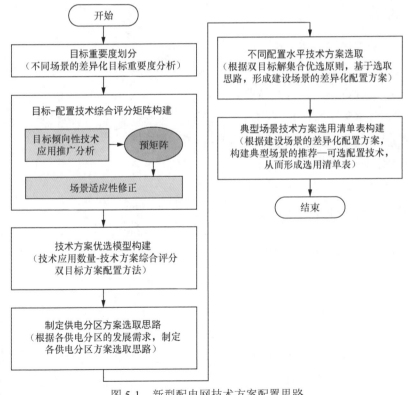

图 5-1　新型配电网技术方案配置思路

5.2 差异化目标集

5.2.1 构建思路

按照 2.4 节所述方法,将建设区域的建设目标划分为亟待改善、需要改善、基本满足和完全满足四种类型。根据以下差异化配置的目标集构建原则,确定各配置方案目标集:

(1)仅能通过基础技术改善的目标,不纳入配置方案目标集中。

(2)提升亟待改善目标的配置方案为基础配置方案,提升亟待改善和需要改善目标的配置方案为中级配置方案,提升亟待改善、需要改善和基本满足三类目标的配置方案为高级配置方案。

根据以上的目标集构建原则,可以得到差异化配置方案目标集的构建流程图,如图 5-2 所示。

5.2.2 场景实例分析

本节以广东省某地区供电局实际配电网为例,根据前文所述

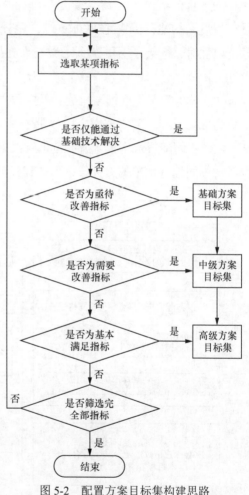

图 5-2 配置方案目标集构建思路

的方法,按照"典型场景划分→统计建设目标的现状值与目标值→目标重要度分析→目标满足度分析→目标差异化划分→构建目标集"的流程,形成该地区新型配电网需改善的目标集,对上文所提出的典型场景划分、新型配电网建设目标差异化划分方法以及目标集形成的方法的可行性与适用性进行分析验证,

并对下文分析总体技术方案提供实际的重要依据。

5.2.2.1 某实际配电网简介

A 地区地处山区，幅员辽阔，人均拥有土地资源比较丰富。林地是面积最大的土地资源。A 地区地处亚热带季风性气候区和广东第一高峰山脉南缘，季节性降雨明显，水量丰富，境内高山、峡谷、森林众多，海拔 1000m 以上山峰有 102 座，集雨面积 35km^2 以上的河流有 9 条，水资源十分丰富。该地区的水资源主要由江河水、山塘、水库水、地下水等组成。

截至 2019 年底，A 地区共有 220kV 变电站 1 座，主变压器 2 台；110kV 变电站 10 座，主变压器 20 台；35kV 变电站 5 座，主变压器 7 台。A 地区电网现状：电网供电面积达 2299km^2，用电人口 21.97 万人，用户总数 7.26 万户。A 地区共有中压公用线路 94 回，公用线路总长度为 1173.22km，其中电缆共99.59km，架空线共 1073.63km；10kV 开关柜共 309 面，柱上开关 368 台，专用馈线 16 条。设备统计如表 5-1 所示。

表 5-1 中压配电网设备统计情况

供电区分类	电压等级（kV）	公用馈线						专用馈线（回）
		公用馈线（回）	电缆（km）	架空线（km）	合计（km）	开关柜（面）	柱上开关（台）	
C	10	15	61.94	19.69	81.62	185	13	15
D	10	79	37.65	1053.95	1091.60	124	355	1
合计		94	99.59	1073.63	1173.22	309	368	16

A 地区有室内配电站 21 座，箱式配电站 74 座，台架配电站 730 台。

低压配电网配电设备统计如表 5-2 所示。

表 5-2 低压配电网配电设备统计情况

供电区分类分区	电压等级（kV）	室内配电站（座）	箱式配电站（座）	台架配电站（台）	公用配电变压器		专用配电变压器	
					台数（台）	容量（MVA）	台数（台）	容量（MVA）
C	10	20	48	21	89	48.32	94	153.09
D	10	1	26	709	736	89.39	780	283.24
合计		21	74	730	825	137.71	874	436.33

根据第 2 章提到的新型配电网典型场景划分方法，A 地区配电网有复数的

上级电网接入点，电能传输容量较为充裕，且地处山区，所以不属于海岛新型配电网典型场景，再根据新一轮农村电网改造升级实施方案和省公司的划分原则，A 地区所处地域属于某供电局管辖范围，该供电局所辖县级电网为农村电网，因此，判定 A 地区为农村新型配电网典型场景。

5.2.2.2 建设目标的统计结果

建设目标计算所需的各项基础数据以 A 地区最近某时刻调度中心监测到的运行数据为基础，并通过对该地区配电网网架、设备、负荷、供电质量和地区最新规划文本的调研、收集和整理得到。

1. 用户年平均停电时间情况分析

据统计，A 地区供电可靠率为 99.784%，用户年平均停电时间为 18.92h/户。

2. 线路可转供电情况分析

公用线路可转供电情况如表 5-3 所示。

表 5-3   现状公用线路可转供电情况

供电区分类	电压等级	C	D	合计
可转供电线路回数	10	15	42	57
线路总回数（回）	10	15	79	94
该类供电区线路可转供电率（%）	10	100.00	53.16	60.64
其中 C 类及以上供电区线路可转供电率（%）	10	15	—	100

3. 低压台区联络情况分析

据统计，A 地区暂时无低压台区联络。

4. 馈线自动化覆盖率情况分析

A 地区配电网以架空线路为主，架空线主要依靠馈线自动化实现故障隔离，只能将故障点定位在一个分段内，仍需依靠人工查找故障，定位效率不高，已实现配电自动化功能的线路 31 回，馈线自动化覆盖率为 33%。

5. 电压质量分析

A 地区公用线路电能质量相对较好，仅有 1 回线路出现低电压问题，占所有线路比例为的 1.06%。出线低电压的 10kV 馈线主要是供电半径偏长、负荷分布不均匀。公用线路电压质量情况如表 5-4 所示。

表 5-4　　　　　　　　　　　　现状公用线路电压质量情况

供电区分类线路总回数（回）	电压等级（kV）	线路总回数（回）	最低电压低于额定电压7%以上		最高电压高于额定电压7%以上	
			回数（回）	比例（%）	回数（回）	比例（%）
C	10	15	0	0.00	0	0.00
D	10	79	1	1.27	0	0.00
合计		94	1	1.06	0	0.00

台区供电半径偏长情况如表 5-5 所示。

表 5-5　　　　　　　　　　现状台区供电半径偏长情况

供电区分类	台区供电半径偏长（回）
C	82
D	206
合计	288

台区电压分布情况如表 5-6 所示。

表 5-6　　　　　　　　　　　现状台区电压分布情况

供电区分类	类型	电压不合格台区或户数（个）	
		电压偏低（小于180V）	电压偏低（180~198V）
C	电压不合格台区数量（个）	1	3
	台区总数（个）	89	89
	占台区总数比例（%）	1.12%	3.37%
	电压不合格客户数（户）	12	105
D	电压不合格台区数量（个）	11	38
	台区总数（个）	736	736
	占台区总数比例（%）	1.49%	5.16%
	电压不合格客户数（户）	176	1330

6. 线损情况分析

线路供电距离长短对线损有重要影响，在同等导线截面条件下，线路供电半径长则相应线损一般也较大；反之线损也较小。

公用线路主干长度分布情况如表 5-7 所示。

表 5-7　　　　　　　　　　现状公用线路主干长度分布情况

项目	电压等级	C	D	合计
主干线路平均长度（km）	10	3.49	5.65	5.31
超出供电分区线路长度标准的回路数（回）	10	1	6	7
线路总回数（回）	10	15	79	94
占供电分区线路总数比例（%）	—	6.67	7.59	7.45

从表 5-7 可以看出，A 地区各供电分区的 10kV 公用线路主干长度整体上均满足要求，主干线路平均长度为 5.31km，但仍有 7 回线路主干偏长，C 类 1 回、D 类 6 回，现状线损率为 3.83%。

7. 配电网通信情况分析

A 地区未建设 10kV 光缆，未建设 10kV 载波通信通道。广东电网有限责任公司韶关乳源供电局已租用无线公网终端 2389 套，接入低压集抄、负控管理、配电变压器监测、配电网自动化业务。A 地区配电网通信网接入配电网业务终端 196 套，在光纤、载波、无线专网、无线公网方式等接入方式中，无线公网是主要接入方式，占比 100%。10kV 及以下中低压配电网的电力通信专网通信覆盖不足，配电网通信覆盖率为 60%。

8. 分布式电源情况分析

A 地区分布式电源以水电站为主，水电多数为径流式水电，装机容量均较小，受降水影响较大。

2019 年底 A 地区分布式电源情况如表 5-8 所示。

表 5-8　　　　　　　2019 年底 A 地区分布式电源情况表

序号	所在区县	名称	接入电压（kV）	类型	装机容量（MW）	备注
1	RY 县	A 地区 35kV 小水电	35	水电	121.27	地调
2	RY 县	A 地区 10kV 及以下小水电	10 及以下	水电	139.035	地调
3	RY 县	A 地区 10kV 及以下光伏	10 及以下	光伏	0.247	地调
合计					260.552	—

A 地区有 11 回存在小水电装机容量大于线路装接公用配电变压器容量的情况，在丰水期可能出现小水电发电率无法在本线路全部消纳的现象。

9. 建设目标现状值计算结果

按照第 2 章中提到的各项目标的计算方法，得到各评价目标值如表 5-9 所示。

表 5-9　　2019 年底 A 地区新型配电网建设目标（现状值）统计表

建设目标		现状值
可靠	用户年平均停电时间（h/户）	18.92
	10（20）kV 线路可转供电率（%）	60.64
	配电网自愈覆盖率（%）	33.00
	末端电压不合格线路比例（%）	1.06
	电压偏低台区比例（%）（小于 198V）	6.42
绿色	分布式电源消纳率（%）	70.00
	分布式电源渗透率（%）	80.00
高效	综合线损率（%）	3.83
	配电网通信覆盖率（%）	60.00
智能	配电网自愈覆盖率（%）	33.00

10. 建设目标规划目标值设定情况

A 地区主要包括 C 和 D 类供电分区，按照规划导则，假定规划水平年 A 地区建设目标的规划目标值如表 5-10 所示。

表 5-10　　A 地区新型配电网建设目标（规划目标值）统计表

建设目标		目标值
可靠	用户年平均停电时间（h/户）	10.51
	10（20）kV 线路可转供电率（%）	90.00
	低压台区联络占比（%）	0.00
	电压偏低台区比例（%）（小于 198V）	0.00
绿色	分布式电源消纳率（%）	95.00
	分布式电源渗透率（%）	80.00
高效	综合线损率（%）	3.60
	配电网通信覆盖率（%）	90.00
智能	配电网自愈覆盖率（%）	90.00

5.2.2.3　建设目标差异化划分

1. 目标重要度分析

A 地区属于农村新型配电网典型场景，根据第 2 章采用层次分析法，以权重值的大小量化该场景下目标的重要度，如表 5-11 所示。

表 5-11　　　　　　A 地区典型场景的目标重要度划分情况表

建设目标	农村
用户年平均停电时间（h/户）	I
10（20）kV 线路可转供电率（%）	II
末端电压不合格线路比例（%）	I
电压偏低台区比例（%）（小于 198V）	I
配电网自愈覆盖率（%）	II
分布式电源消纳率（%）	II
分布式电源渗透率（%）	II
综合线损率（%）	III
配电网通信覆盖率（%）	III

2. 目标满意度划分

根据第 2 章提到的目标满足度分析方法，以 2020 年为规划基准年，统计 2020 年广东电网公司各供电区域建设目标的最大值和最小值，使用式（2-3）和式（2-4），计算各建设目标的满足度，并依据满意度区间，划分目标满意度分类，划分情况如表 5-12 所示。

表 5-12　　　　　　A 地区典型场景的目标满意度划分情况表

	建设目标	现状值	目标值	最大值	最小值	差异值	满意度	满意度划分
可靠	用户年平均停电时间（h/户）	18.92	10.51	61.32	0.087 60	61.23	0.863	较好满足
	10（20）kV 线路可转供电率（%）	60.64	90.00	100.00	60.00	40.00	0.266	低满足度
	末端电压不合格线路比例（%）	1.06	0.00	3.00	0.00	3.00	0.647	适中满足度
	电压偏低台区比例（%）（小于 198V）	6.42	0.00	8.00	0.00	8.00	0.197	低满足度
绿色	分布式电源消纳率（%）	70.00	95.00	100.00	50.00	50.00	0.500	适中满足度
	分布式电源渗透率（%）	80.00	80.00	100.00	10.00	90.00	1.000	完全满足
高效	综合线损率（%）	3.83	3.60	6.00	2.50	3.50	0.934	较好满足
	配电网通信覆盖率（%）	60.00	90.00	100.00	50.00	50.00	0.4	适中满足度
智能	配电网自愈覆盖率（%）	33.00	90.00	100.00	33.00	67.00	0.149	低满足度

3. 目标差异化划分

经过建设目标的重要度以及满意度划分后,结合新型配电网建设目标导向的差异化划分图,便可得到建设目标差异化划分结果,如表 5-13 所示。

表 5-13　　　　　　A 地区典型场景的目标差异化划分情况表

建设目标		满意度	重要度划分	满意度划分	满意度-重要度划分	差异化划分
可靠	用户年平均停电时间（h/户）	0.863	Ⅰ	较好满足	很重要,较好满足	需要改善
	10（20）kV 线路可转供电率（%）	0.266	Ⅱ	低满足度	比较重要,低满足	亟待改善
	末端电压不合格线路比例（%）	0.647	Ⅰ	适中满足度	很重要,适中满足	亟待改善
	电压偏低台区比例（%）（小于 198V）	0.197	Ⅰ	低满足度	很重要,低满足	亟待改善
绿色	分布式电源消纳率（%）	0.500	Ⅱ	适中满足度	比较重要,适中满足	需要改善
	分布式电源渗透率（%）	1	Ⅱ	完全满足	比较重要,完全满足	完全满足
高效	综合线损率（%）	0.934	Ⅲ	较好满足	一般重要,较好满足	基本满足
	配电网通信覆盖率（%）	0.273	Ⅲ	适中足度	一般重要,适中满足	基本满足
智能	配电网自愈覆盖率（%）	0.149	Ⅱ	低满足度	比较重要,低满足	亟待改善

5.2.2.4　目标集构建分析

在已差异化制定 A 地区建设目标的基础上,运用所提出的目标集形成的方法,构建不同配置等级下总体技术方案的目标集。当制定 A 地区新型配电网总体技术方案（基础方案）时,根据目标集形成方法,应以亟待改善的建设目标为目标集,如表 5-14 所示。其中 10（20）kV 线路可转供电率和配电网自愈覆盖率仅能通过基础技术解决,因此不纳入目标集。

表 5-14　　　A 地区总体技术方案（基础方案）目标集分析表

	建设目标	差异化划分
基础方案目标集	末端电压不合格线路比例（%）	亟待改善
	电压偏低台区比例（%）（小于 198V）	亟待改善

同理,当制定 A 地区新型配电网总体技术方案（中级方案）时,应以亟待改善和需要改善的建设目标作为目标集,如表 5-15 所示。

表 5-15　　　　A 地区总体技术方案（中级方案）目标集分析表

	建设目标	差异化划分
中级方案目标集	末端电压不合格线路比例（%）	亟待改善
	电压偏低台区比例（%）（小于 198V）	亟待改善
	用户年平均停电时间（h/户）	需要改善
	分布式电源消纳率（%）	需要改善

当制定 A 地区新型配电网总体技术方案（高级方案）时，应以亟待改善、需要改善和基本满足的建设目标作为目标集，A 地区的建设目标中，综合线损率和配电网通信覆盖率均属于基本满足的建设目标，基本满足的建设目标优先采用技术谱系中的基础技术解决，其中配电网通信覆盖率可以由基础技术中的通信技术解决，因此，该目标不纳入总体技术方案的目标集。形成 A 地区目标集如表 5-16 所示。

表 5-16　　　　A 地区总体技术方案（高级方案）目标集分析表

	建设目标	差异化划分
高级方案目标集	末端电压不合格线路比例（%）	亟待改善
	电压偏低台区比例（%）（小于 198V）	亟待改善
	用户年平均停电时间（h/户）	需要改善
	分布式电源消纳率（%）	需要改善
	综合线损率（%）	基本满足

5.3　目标集-配置技术综合评分矩阵构建

5.3.1　构建思路

目标集-配置技术综合评分矩阵中，任一元素含义为某项技术对于某个指标的综合评分结果，代表技术与目标提升的关联性，其值可以由表 4-11 获得。而目标集-配置技术综合评分矩阵的构建就是根据所形成的目标集，以及所选取目标下对应各个技术的评分结果，重新组合成一个目标集-配置技术预矩阵。

在此基础上，考虑到不同典型场景下技术的适应性，对预矩阵进行修正，即适当删除某些技术，从而获得适应不同典型场景的目标集-配置技术综合评分矩阵。

根据目标集，结合技术与目标提升关联性，形成目标集-配置技术综合评分矩阵。

构建思路如图 5-3 所示。

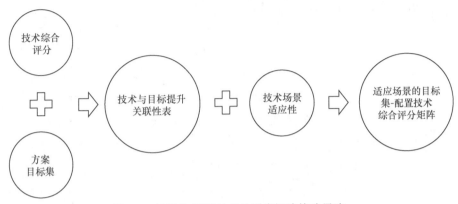

图 5-3　目标集-配置技术关联度矩阵构建思路

5.3.2　场景实例分析

结合 5.2.2 的场景分析，首先需要梳理地区可建设技术的种类。依据 A 地区的农村新型配电网典型场景，区域内无大型工业或商业群，因此暂无冰蓄冷储能的应用场景。考虑到地区电动汽车保有量较低，有序充电作为电动汽车的基础配套和高级应用，暂无建设的必要性。此外农村居民负荷较小，无调峰需求，无须开展需求侧响应。因此在后续的方案配置中，不考虑选用冰蓄冷储能、有序充电和需求侧响应等技术。

进一步的，根据表 5-14～表 5-16 的目标集，梳理出基础方案、中级方案和高级方案的目标集-配置技术关联度矩阵，如表 5-17～表 5-19 所示。

表 5-17　　　　目标集-配置技术综合评分矩阵（基础方案）

建设目标	单一分布式能源+储能	多种分布式能源+储能	电化学储能	智能配电房	智能低压联络开关柜	低压可视化	智能换相开关	新一代智能终端	新型变压器	馈线调压器	故障录波监测装置	电压质量治理装置
末端电压不合格线路比例（%）	0.00	0.00	0.00	69.15	0.00	0.00	74.11	0.00	56.10	81.38	0.00	0.00
电压偏低台区比例（%）（小于198V）	0.00	0.00	0.00	69.15	0.00	0.00	74.11	0.00	80.22	75.35	0.00	77.33

表 5-18　　　　　　　目标集-配置技术综合评分矩阵（中级方案）

建设目标	单一分布式能源+储能	多种分布式能源+储能	电化学储能	智能配电房	智能低压联络开关柜	低压可视化	智能换相开关	新一代智能终端	新型变压器	馈线调压器	故障录波监测装置	电能质量治理装置
末端电压不合格线路比例（%）	0.00	0.00	0.00	69.15	0.00	0.00	74.11	0.00	56.10	81.38	0.00	0.00
电压偏低台区比例（%）（小于198V）	0.00	0.00	0.00	69.15	0.00	0.00	74.11	0.00	80.22	75.35	0.00	77.33
用户年平均停电时间（h/户）	72.30	69.45	72.97	75.18	83.03	69.17	0.00	71.52	0.00	0.00	75.95	0.00
分布式电源消纳率（%）	54.21	51.36	72.97	0.00	0.00	0.00	0.00	0.00	0.00	0.00	0.00	0.00

表 5-19　　　　　　　目标集-配置技术综合评分矩阵（高级方案）

建设目标	单一分布式能源+储能	多种分布式能源+储能	电化学储能	智能配电房	智能低压联络开关柜	低压可视化	智能换相开关	新一代智能终端	新型变压器	馈线调压器	故障录波监测装置	电能质量治理装置
末端电压不合格线路比例（%）	0.00	0.00	0.00	69.15	0.00	0.00	74.11	0.00	56.10	81.38	0.00	0.00
电压偏低台区比例（%）（小于198V）	0.00	0.00	0.00	69.15	0.00	0.00	74.11	0.00	80.22	75.35	0.00	77.33
用户年平均停电时间（h/户）	72.30	69.45	72.97	75.18	83.03	69.17	0.00	71.52	0.00	0.00	75.95	0.00
分布式电源消纳率（%）	54.21	51.36	72.97	0.00	0.00	0.00	0.00	0.00	0.00	0.00	0.00	0.00
综合线损率（%）	0.00	0.00	0.00	0.00	0.00	0.00	0.00	69.51	72.18	73.34	0.00	71.30

5.4　技术方案优选模型构建

5.4.1　技术方案优选模型

5.2 节针对不同场景及其场景的应用（如不同供电分区等）形成了目标的

重要度差异化划分思路，考虑任一目标集中具有 I 个目标，且可按重要度差异划分为 p 类，技术方案优选的目的是选取一种或多种技术组合，使得所需提升指标构成的目标集提升效果最好。

定义目标集-配置技术综合评分矩阵中的任一元素为 k_{ij}，其中下标 i（i=1，2，…，I）指矩阵目标集中的任一目标，j 指任一技术，并且可认为评价分数 k_{ij} 越高，技术对指标的提升效果越好，定义 $F(i)$ 为采用某技术组合方案下指标 i 的综合评分，考虑目标集中的指标综合分数 U 最优，构建目标函数为

$$U = \max\left[\sum_{i=1}^{I} D(i)F(i)\right] \tag{5-1}$$

约束条件为

$$\begin{cases} F(i) = \sum_{j=1}^{J}\left(k_{ij} \cdot y_j\right) \\ F(i) > 0 \end{cases} \tag{5-2}$$

式中：$D(i)$ 为目标 i 的权重，与目标的重要度差异划分类别相关，同一类别的重要度可取相同值，并且重要程度越高，则权值越大。y_j 为整数变量，如果技术方案中选取了该项技术，则 y_j=1，反之为 0。并且定义

$$Z = \sum_{j=1}^{J} y_j \tag{5-3}$$

式中：Z 为技术方案中技术的种类数。

5.4.2　模型求解

式（5-1）~式（5-3）构建了最大化目标函数的混合整数线性规划模型，为简化模型求解过程，考虑到技术方案的选取个数离散且有限，同时技术方案的选取个数也可作为一个优化目标，即在技术方案中可以尽可能地减少技术方案的配置个数，避免建设冗余且降低投入。因此可以将 Z=1，2，3，…离散值依次代入上述模型，获取 Z 与技术组合方案评分 U 之间的关系，将模型转化为一系列混合整数线性规划求解。

具体为步骤如下。

步骤 1：初始化，令 Z=1。

步骤 2：求解混合整数线性规划模型式（5-1）~式（5-3）。

步骤 3：若模型无解，则 Z=Z+1，转到步骤 2。

步骤 4：若模型有解，令此时 Z 的取值为 Z_{min}，Z_{min} 指的是满足目标集需求的最小技术种类解。

步骤 5：令 $Z=Z+1$，继续求解模型式（5-1）~式（5-3）。

步骤 6：判断 Z 是否为最大待选技术个数，若是，则结束；若否，则转到步骤 5。

综上求解，可以得到根据技术方案评分最高和方案中配置技术的种类最少的配置技术种类-评估分数多组解。

5.4.3　差异化配置方案边界条件选择

基于 5.4.2 节的技术方案的优选模型，通过技术种类个数的选择可获得在该技术个数下最优的配置方案。对于某配置方案，从配置技术种类-评估分数的多组解定义特性参数如下：

（1）最小技术种类 K，该参数显然可从计算所得的可支撑解决所有目标的技术种类中获得最小取值。

（2）配置方案评估分数提升空间 T，定义 T 的计算公式如下

$$T = T_{max} - T_{min} \tag{5-4}$$

式中：T_{max} 和 T_{min} 分别为不同技术种类配置方案下，可获得的技术组合评估最高分和评估最低分。

基于以上两个参数，进一步定义差异化配置方案边界条件选取的基本原则如下。

1. 基础方案

基础方案中，考虑解决较为紧迫的目标，且投入资源相对较小，因此在组合配置方案的选取中，推荐选择最小技术种类 K 所对应的技术组合方案。

2. 高级方案

高级方案中，投入较多的资源并解决多个配置提升需求的目标，因此组合配置方案的选择主要以评估分数来衡量，对于高级方案，配置的技术方案应该使得评估分数大幅度提升，结合配置方案评估分数提升空间 T，定义组合配置方案选取的边界评估分数 T_{HIGH} 的边界条件为

$$T_{HIGH} \geq T_{min} + \delta T \tag{5-5}$$

式中：δ 为提升百分比，对于高级方案，可按需取值较高的百分比，本报告高

级方案推荐 δ 取 80%。由于满足式（5-5）的 T_{HIGH} 取值存在多个，可取值满足约束下的最小技术种类个数作为高级方案的配置方案。

3. 中级方案

中级方案所考虑投入的资源介于基础方案和高级方案之间，在配置技术的方案选择原则上，可参照式（5-5），但所取的提升百分比 δ 应比高级方案低，本报告中级方案推荐 δ 取 50%。

5.4.4　场景实例分析

在 5.3.2 节实例分析的基础上，进一步对不同方案下的技术组合方案作优选。

5.3.2 节中已经梳理出了基础方案、中级方案和高级方案的目标集-配置技术关联度矩阵，该关联度矩阵即为 5.4.1 节所提模型的输入条件 k_{ij}。将该输入条件代入模型，优选技术组合方案分析如下。

5.4.4.1　基础方案

图 5-4 给出了基础方案下技术种类和方案评估分数的二维曲线。由曲线可以看出，随着技术种类分数的增加，对于技术方案总体的评估分数也随之增大。考虑基础方案的技术选取原则，由于基础方案下，能支撑解决所有目标的技术种类个数为 1，因此，基础方案下，选择配置 1 项技术用以提升基础目标。

即选取的技术为，增加配置馈线调压器。

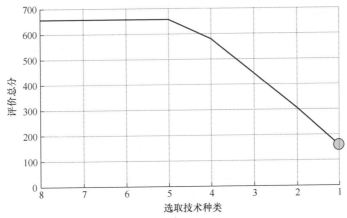

图 5-4　配置技术种类-评估分数结果（基础方案）

从所需提升的目标看，基础方案下亟待解决的目标为末端电压不合格比例不足、电压偏低台区比例不足。从技术方案选择的最终结果看，增加配置馈线调压器符合目标提升需求。

5.4.4.2　中级方案

图 5-5 给出了中级方案的配置技术种类-评估分数的二维曲线结果。结果中可见满足支撑所有评估目标的最小技术种类个数为 2。再者，中级方案的选取考虑配置方案评估分数的提升空间，结合 5.4.3 节所述，按评估分数的 50% 考虑，计算配置方案选取评估的边界条件为

$$T_{\mathrm{HIGH}} \geq T_{\min} + \delta T = 359 + 50\% \times (1643 - 359) = 1001 \tag{5-6}$$

边界条件取值如图 5-5 中黑色虚线的阈值线所示。进一步考虑满足提升空间阈值的最小技术组合种类，则满足目标要求的中级方案选择技术配置种类个数为 6 个。

具体的配置技术：①单一分布式能源＋储能；②电化学储能；③智能配电房；④智能换相开关；⑤新型变压器；⑥馈线调压器。

从所需提升的目标看，中级方案比基础方案多了用户年平均停电时间和分布式电源消纳率两个目标，中级方案最终确定的技术方案选取的单一分布式能源＋储能、电化学储能均对提高分布式能源的消纳率有积极作用，而智能配电房、智能换相开关和新型变压器可以降低用户年平均停电时间以及极大提高基础方案的两个目标。

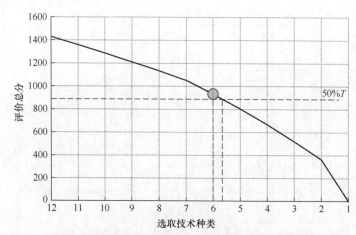

图 5-5　配置技术种类-评估分数结果（中级方案）

5.4.4.3 高级方案

高级配置方案着眼于评估分数的大幅度提升。图 5-6 给出了高级方案的配置技术种类-评估分数的二维曲线结果。结果中，满足目标需求的最小技术个数为 2 个。同中级方案分析，考虑高级方案的提升阈值为 80%，计算配置方案选取评估的边界条件为

$$T_{\text{HIGH}} \geqslant T_{\min} + \delta T = 376 + 80\% \times (1845 - 376) = 1552 \tag{5-7}$$

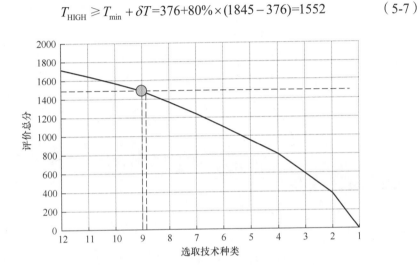

图 5-6　配置技术种类-评估分数结果（高级方案）

结合图 5-6 阈值曲线分析，考虑 80% 的评估分数提升空间，推荐高级方案选取的技术方案个数为 9 个。

具体的配置技术：①单一分布式能源 + 储能；②多种分布式能源 + 储能；③电化学储能；④智能配电房；⑤智能换相开关；⑥新一代智能终端；⑦新型变压器；⑧馈线调压器；⑨电能质量治理装置。

高级方案在中级方案的基础上加配了多种分布式能源 + 储能、新一代智能终端和电能质量治理装置，目的是充分利用各种类型的分布式能源、降低线损率和提高低压电能质量，更大幅度地提升目标集的分数。

5.5　本　章　小　结

本章研究了新型配电网建设技术方案差异化配置方法。结合新型配电网关键技术推广评价分析和建设区域目标分析，建立目标集-配置技术综合评分矩

阵。以方案评分最高和应用技术种类最少为双目标，实现新型配电网差异化技术方案的选取。进一步对广东某地区目标现状进行分析，差异化制定了该区域新型配电网建设的基础方案、中级方案和高级方案，验证了所提新型配电网技术方案差异化配置方法的有效性。

参 考 文 献

［1］ 韩肖清，李廷钧，张东霞，等. 双碳目标下的新型电力系统规划新问题及关键技术
［J］. 高电压技术，2021，47（9）：3036-3046.

［2］ 舒印彪，陈国平，贺静波，等. 构建以新能源为主体的新型电力系统框架研究［J］. 中
国工程科学，2021，23（6）：61-69.

［3］ Smil V. Distributed Generation and Megacities: Are Renewables the Answer? ［J］. IEEE
Power and Energy Magazine，2019，17（2）：37-41.

［4］ 张勇军，刘斯亮，江金群，等. 低压智能配电网技术研究综述［J］. 广东电力，2019，
32（1）：1-12.

［5］ 董旭柱，华祝虎，尚磊，等. 新型配电系统形态特征与技术展望［J］. 高电压技术，
2021，47（9）：3021-3035.

［6］ Ha T T, Zhang Y, Thang V V, et al. Energy hub modeling to minimize residential energy
costs considering solar energy and BESS［J］. Journal of Modern Power Systems and
Clean Energy，2017，5（3）：389-399.

［7］ Satish K I, Vinod K T. Optimal integration of DGs into radial distribution network in the
presence of plug-in electric vehicles to minimize daily active power losses and to
improve the voltage profile of the system using bioinspired optimization algorithms
［J］. Protection and Control of Modern Power Systems，2020，5（1）：21-35.

［8］ 赵鹏，蒲天骄，王新迎，等. 面向能源互联网数字孪生的电力物联网关键技术及展
望［J］. 中国电机工程学报，2022，42（2）：447-458.

［9］ 张雪莹，赖来源，曾庆彬，等. 基于模糊评价的智能用电新技术成熟度模型［J］. 广
东电力，2022，35（3）：69-78.

［10］ 刘健，魏昊焜，张志华，等. 未来配电网的主要形态—基于储能的低压直流微电网
［J］. 电力系统保护与控制，2018，46（18）：11-16.

［11］ 魏然，张磐，高强伟，等. 基于网络树状图的低压配电网故障研判仿真分析［J］. 电力系统保护与控制，2021，49（13）：167-173.

［12］ 昌校宇，杨洁. 投资回报率超 10%！说说你不甚了解的"户用光伏"［EB/OL］.［2021-10-15］https://www.163.com/dy/article/GMCOL26805505W4N.html.

［13］ 新能源司. 对分布式光伏电站整县推进政策的疑问？［EB/OL］.［2021-07-09］http://www.nea.gov.cn/2021-07/09/c_1310051436.htm.

［14］ 张锶恒. 考虑分布式光伏与储能接入的配电变压器选型定容规划［D］. 广州：华南理工大学，2020.

［15］ Adefarati T, Bansal R C. Integration of renewable distributed generators into the distribution system：a review［J］. IET Renewable Power Generation，2016，10（7）：873-884.

［16］ Zhou L, Zhang Y, Lin X, et al. Optimal sizing of PV and BESS for a smart household considering different price mechanisms［J］. IEEE Access，2018，6（1）：41050-41059.

［17］ 张明明，秦平，陈永进，等. 低压配电网分段和联络开关优化配置方法研究［J］. 电力电容器与无功补偿，2020，41（5）：138-144.

［18］ 吴在军，成晟，朱承治，等. 基于线性近似模型的三相不平衡有源配电网重构［J］. 电力系统自动化，2018，42（12）：134-141.

［19］ Xie P, Cai Z, Liu P, et al. Microgrid system energy storage capacity optimization considering multiple time scale uncertainty coupling［J］. IEEE Transactions on Smart Grid，2019，10（5）：5234-5245.

［20］ Liu Z, Yi Y, Yang J, et al. Optimal planning and operation of dispatchable active power resources for islanded multi-microgrids under decentralised collaborative dispatch framework［J］. IET Generation，Transmission & Distribution，2020，14（3）：408-422.

［21］ 张勇军，刘子文，宋伟伟，等. 直流配电系统的组网技术与其应用［J］. 电力系统自动化，2019，43（23）：39-49.

［22］ 苏宇，王强钢，雷超，等. 电能替代下的城市配电网有载调容配电变压器规划方法［J］. 电工技术学报，2019，34（7）：1496-1504.

［23］ 赵黄江，向月，刘俊勇，等. 基于改进配电网安全域的规模化电动汽车入网影响分析［J］. 电力自动化设备，2021，41（11）：66-73.

［24］ 齐宁，程林，田立亭，等. 考虑柔性负荷接入的配电网规划研究综述与展望［J］. 电力系统自动化，2020，44（10）：193-207.

［25］ 尚楠，张翔，宋艺航，等. 适应清洁能源发展和现货市场运行的容量市场机制设计 ［J］. 电力系统自动化，2021，45（22）：174-182.

［26］ Kiguchi Y，Weeks M，Arakawa R. Predicting winners and losers under time-of-use tariffs using smart meter data［J］. Energy，2021.

［27］ Xia Y，Xu Y，Gou B. Current sensor fault diagnosis and fault-tolerant control for single-phase PWM rectifier based on a hybrid model-based and data-driven method ［J］. IET Power Electronics，2021，13（5）. DOI:10.1049/iet-pel.2020.0519.

［28］ 王日宁，武一，魏浩铭，等. 基于智能终端特征信号的配电网台区拓扑识别方法 ［J］. 电力系统保护与控制，2021，49（6）：83-89.

［29］ 何昌皓，张雪莹，曾庆彬. 基于目标差异化分解的智能配电网技术方案决策［J］. 广东电力，2022，35（8）：23-31.

［30］ 中国南方电网有限责任公司. 数字电网推动构建以新能源为主体的新型电力系统白皮书［R/OL］.（2021-04-24）. https://news.bjx.com.cn/html/20210425/1149180.shtml.

［31］ Huang X，Liu X，Zhang Y，et al. Data Operation & Maintenance Technology Based on Comprehensive Measurement of Transparent Distribution Network［C］. Guangzhou：International Conference on Power System Technology，Nov. 2018，Page（s）：4272-4277.

［32］ Lai X，Cao M，Liu S，et al. Low-voltage distribution network topology identification method based on characteristic current［C］. Chongqing：6th Asia Conference on Power and Electrical Engineering，2021，pp. 1233-1238.

［33］ ZHOU L，ZHANG Y，LIU S，et al. Consumer Phase Identification in Low-voltage Distribution Network Considering Vacant Users［J］. International Journal of Electrical Power & Energy Systems，v 121，October 2020. doi：10.1016/j.ijepes，2020，106079.

［34］ ZHOU L，LI Q，ZANG Y，et al. Consumer phase identification under incomplete data condition with dimensional calibration［J］. International Journal of Electrical Power and Energy Systems，Volume 129，July 2021，106851.

［35］ 高泽璞，赵云，余伊兰，等. 基于知识图谱的低压配电网拓扑结构辨识方法［J］. 电力系统保护与控制，2020，48（2）：34-43.

［36］ Srilakshmi E，Singh S P. Energy regulation of EV using MILP for optimal operation of incentive based prosumer microgrid with uncertainty modelling［J］. International Journal of Electrical Power and Energy Systems，2022，134：107353.

［37］ LI S，Gu C，Zeng X，et al. Vehicle-to-grid management for multi-time scale grid power balancing［J］. Energy，2021.

［38］ Oscar A P R，Juan C R，Gustavo A L A. Effects on Electricity Markets of a Demand Response Model Based on Day Ahead Real Time Prices：Application to the Colombian Case［J］. IEEE Latin America Transactions，2018，16（5）：1416-1423.

［39］ 佘玉龙. 智能家居系统能效优化管理的研究［D］. 淮南：安徽理工大学，2020.

［40］ 叶琳浩，刘泽槐，张勇军，等. 智能用电技术背景下的配电网运行规划研究综述［J］. 电力自动化设备，2018，38（5）：154-163.

［41］ 刘洪，徐正阳，葛少云，等. 考虑储能调节的主动配电网有功-无功协调运行与电压控制［J］. 电力系统自动化，2019，43（11）：51-58.

［42］ 陈启鑫，房曦晨，郭鸿业，等. 电力现货市场建设进展与关键问题［J］. 电力系统自动化，2021，45（6）：3-15.

［43］ 孙素苗，迟东训，于波，等. 构建新型电力市场体系及电价机制［J］. 宏观经济管理，2021（3）：71-77.

［44］ 林丽娟，贾清泉，田书娅，等. 基于一致性算法的配电网谐波分布式治理策略［J］. 电力系统自动化，2022，46（2）：109-117.

［45］ 莫一夫，张勇军. 基于变权灰关联的智能配电网用电可靠性提升对象优选［J］. 电力系统保护与控制，2019，47（5）：26-34.

［46］ Kapetanios E. A survey on resource scheduling in cloud computing：issues and challenges［J］. Computing reviews，2017，58（8）：487.

［47］ Gehrmann C，Gunnarsson M. A Digital Twin Based Industrial Automation and Control System Security Architecture［J］. IEEE Transactions on Industrial Informatics，2020，16（1）：669-680.

［48］ 李帅. 中国工程院院士李立浧理想中的"透明电网"是何方神圣？［EB/OL］.［2018-09-11］. http://m.bjx.com.cn/mnews/20180911/927093.shtml.

［49］ 唐学用，赵卓立，李庆生，等. 产业园区综合能源系统形态特征与演化路线［J］. 南方电网技术，2018，12（03）：9-17.

［50］ 朱梦梦，罗强，曹敏，等. 电子式电流互感器传变特性测试与分析［J］. 电力系统自动化，2018，42（24）：143-149.

［51］ 金鑫，肖勇，曾勇刚，等. 低压电力线宽带载波通信信道建模及误差补偿［J］. 中国电机工程学报，2020，40（9）：2800-2809.

［52］ 史建超，谢志远. 面向电力物联网信息感知的低压电力线与微功率无线通信融合方法［J］. 电力自动化设备，2020，40（10）：147-157.

［53］ 刘羽霄，张宁，康重庆. 数据驱动的电力网络分析与优化研究综述［J］. 电力系统自动化，2018，42（6）：157-167.

［54］ W. Luan，J. Peng，M. Maras，et al. Smart meter data analytics for distribution network connectivity verification［J］. IEEE Transactions on Smart Grid，2015，6（4）：1964–1971.

［55］ 唐捷，蔡永智，周来，等. 基于数据驱动的低压配电网线户关系识别方法［J］. 电力系统自动化，2020，44（11）：127-134.

［56］ 何奉禄，陈佳琦，李钦豪，等. 智能电网中的物联网技术应用与发展［J］. 电力系统保护与控制，2020，48（3）：58-69.

［57］ Cunha V，Freitas F，Trindade F，et al. Automated determination of topology and line parameters in low voltage systems using smart meters measurements［J］. IEEE Transactions on Smart Grid，2020，11（6）：5028-5038.

［58］ Salomonsson D，Sannino A. Low-voltage DC distribution system for commercial power systems with sensitive electronic loads［J］. IEEE Transactions on Power Delivery，2007，22（3）：1620-1627.

［59］ Zhao S，Chen Y，Cui S，et al. Three-Port Bidirectional Operation Scheme of Modular-Multilevel DC–DC Converters Interconnecting MVDC and LVDC Grids［J］. IEEE Transactions on Power Electronics，2020，36（7）：7342-7348.

［60］ Rouzbehi K，Miranian A，Candela J I，et al. A generalized voltage droop strategy for control of multiterminal DC grids［J］. IEEE Transactions on Industry Applications，2015，51（1）：607-618.

［61］ 金国彬，潘狄，陈庆，等. 考虑自适应实时调度的多电压等级直流配电网能量优化方法［J］. 电网技术，2021，45（10）：3906-3917.

［62］ 程林，张靖，黄仁乐，等. 基于多能互补的综合能源系统多场景规划案例分析［J］. 电力自动化设备，2017，37（6）：282-287.

［63］ Xiao H，Xu Z，Xiao L，et al. Components sharing based integrated hvdc circuit breaker for meshed hvdc grids［J］. IEEE Transactions on Power Delivery，2019，35（4）：1856-1866.

［64］ Gong Y，Chen C，Liu B，et al. Research on the Ubiquitous Electric Power Internet of Things Security Management Based on Edge-Cloud Computing Collaboration

Technology［C］. 2019 IEEE Sustainable Power and Energy Conference （iSPEC）. Beijing, China, 2020.

［65］张波，刘海涛，彭港，等. 面向云边协同的配电变压器运行状态评估及态势预测［J］. 重庆大学学报，2023，46（5）：50-61.

［66］张巍，王丹. 基于云边协同的电动汽车实时需求响应调度策略［J］. 电网技术，2022，46（4）：1447-1458.

［67］吴艳莉. 云计算环境下智能配电网数据传输安全研究［D］. 大连：大连理工大学，2020.

［68］梁英，王耀坤，刘科研，等. 计及网络信息安全的配电网 CPS 故障仿真［J］. 电网技术，2021，45（1）：235-242.

［69］Yang W，Liu W，Wei X，et al. EdgeKeeper：a trusted edge computing framework for ubiquitous power Internet of Things［J］. Frontiers of Information Technology & Electronic Engineering，2021.

［70］葛毅，何悦，谈健，等. 智能电网产业成熟度标准评估模型与方法探究［J］. 智能电网，2017，5（9）：867-875.

［71］何维国，王赛一，许唐云，等. 城市韧性配电网建设与发展路径［J］. 电网技术，2022，46（2）：680-690.

［72］中国绿发会. 建设透明电网，支持能源绿色转型 | 李立涅 2021 全球绿色发展高峰论坛发言［EB/OL］.［2021-09-16］. https://m.thepaper.cn/baijiahao_14527282.

后　　记

新型配电网是一种拓扑清晰、多源不可控，以数字化手段为支撑，以满足能源电力新业态发展为目标，具有透明化、低碳化、互动化、灵活化、多元化特征的配电网。与主动配电网相比，最大的区别是新型配电网中电源多不可控；与传统低压配电网相比，其区别不仅在于智能化技术的进步颠覆了后者忙乱无序的形态，新元素的发展推动了低压负荷柔性化，而且在于"双碳"赋能令其使命与内涵极大延伸，不仅要作为末端电能量的传输与分配的物理路径，也要作为海量小规模分布式新能源消纳、用电大数据获取以及能源电力新业态发展的关键支撑平台，其形态特征将发生质的变化。

我国电网规模巨大、可再生能源应用比例高、部分区域日峰谷差大、运行特性复杂、不同区域的电网特性差异大。同时，不同区域的发展基础和资源禀赋差异较大，地域间发展的不平衡与差异增加了建设新型配电网的复杂性。从电网规划工作来看，配电网技术发展分析更多着眼于宏观研判，规划标准、技术路线相对统一，对技术与指标发展需求的关联度刻画还未细化。

基于新型配电网差异化发展的需求，本书首先分析了新型配电网的发展现状，根据新型配电网的典型场景和建设目标体系，提出了新型配电网典型场景及其差异化的建设目标；然后调研了新型配电网关键技术的应用现状，梳理了新型配电网关键技术谱系，提出技术推广评价方法，并针对新型配电网关键技术展开推广分析；最后，着眼于新型配电网差异化建设指标导向，基于指标重要度和满足度评估，研究配电网指标分类和差异化建设目标集，提出指标导向-技术配置关联矩阵，量化评估技术发展与指标提升之间的关联性，综合配电地区差异、不同技术的发展应用现状，建立新型配电网的技术择优组合配置模型，以期为差异化制定新型配电网技术发展战略提供借鉴指导。